Valentine
Sudoku

... for Boyfriends

Message:

How to solve Sudoku puzzles

The Sudoku puzzle is played on a grid of nine 3x3 cells.

BASIC RULE: The numbers 1-9 each appear once in a 3x3 grid, each column and each row.

For example take the following grid (fig 1),

- To start to solve it we can deduce that the empty cell in the top row contains an 8 as that row will now have all the numbers between 1 and 9. Let's try to find more 8s.

- All the shaded cells cannot have an 8 due to the basic rule above, so the cells with "XX" must contain an 8 within the 3x3 areas. (fig 2)

- In fig 3 it can be seen that the top left 3x3 square must contain an 8 as shown by "YY" as the 3rd column now has an 8. "ZZ" is the last location of an 8 as there is no 8 in that row, column or 3x3.

- Repeat this logic to identify the numbers in the remaining empty cells with the final solution being shown in fig 4.

9	5	2	3	4	6	7	8	1
1	7						3	
		4	2			5		
7	6	9	8	2	4	3		5
8		3	1		5	9	2	7
5			3	9	4	6		
6		7	9		3	8		2
2	3		4		7			
4	9	5	6	8		1	7	3

Fig 1

9	5	2	3	4	6	7	8	1
1	7						3	
		4	2			5		
7	6	9	8	2	4	3		5
8		3	1		5	9	2	7
5			3	9	4	6	xx	
6		7	9		3	8		2
2	3	xx	4		7			
4	9	5	6	8		1	7	3

Fig 2

9	5	2	3	4	6	7	8	1
1	7				zz		3	
	YY	4	2			5		
7	6	9	8	2	4	3		5
8		3	1		5	9	2	7
5			3	9	4	6	8	
6		7	9		3	8		2
2	3	8	4		7			
4	9	5	6	8		1	7	3

Fig 3

9	5	2	3	4	6	7	8	1
1	7	6	5	9	8	2	3	4
3	8	4	2	7	1	5	9	6
7	6	9	8	2	4	3	1	5
8	4	3	1	6	5	9	2	7
5	2	1	7	3	9	4	6	8
6	1	7	9	5	3	8	4	2
2	3	8	4	1	7	6	5	9
4	9	5	6	8	2	1	7	3

Fig 4

Easy

Easy 1

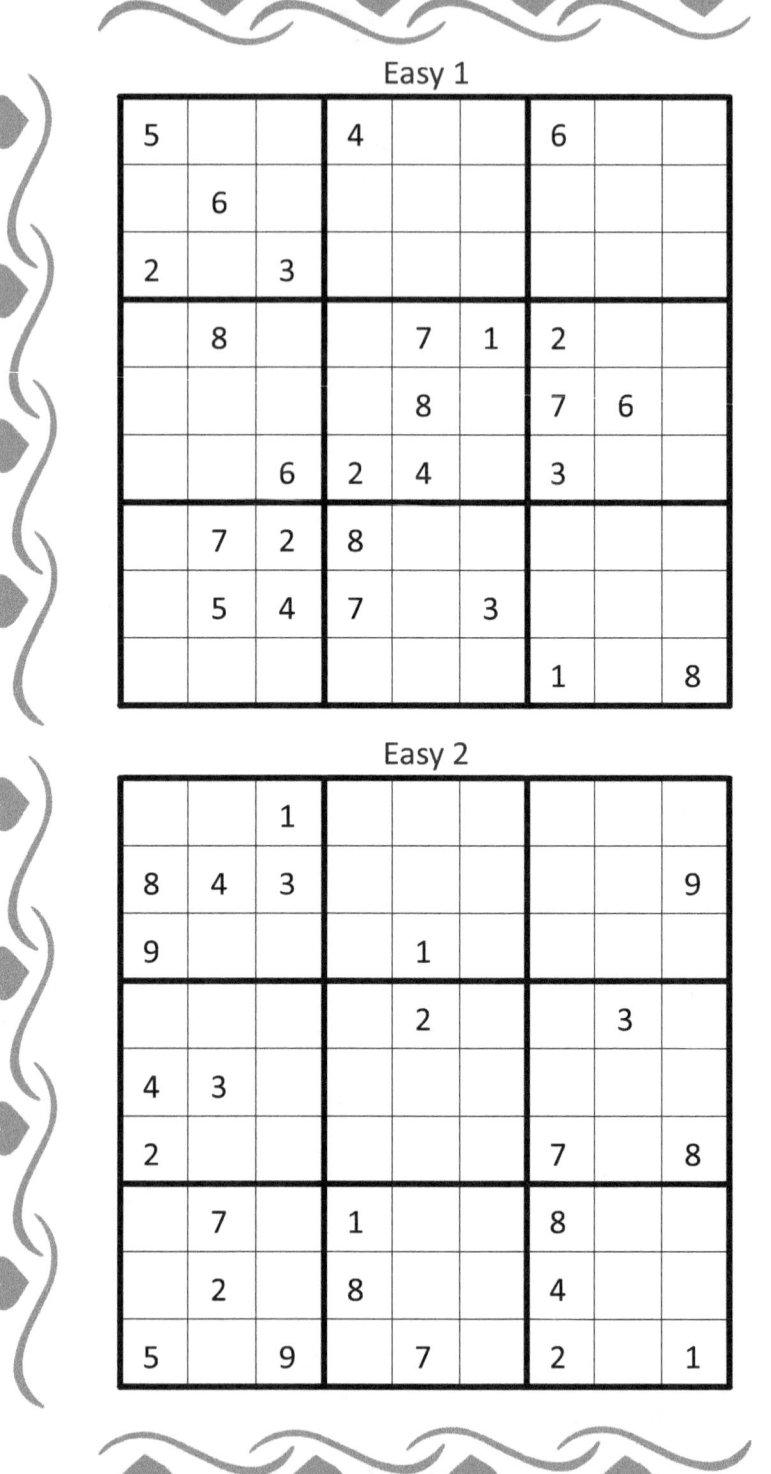

5			4			6		
	6							
2		3						
	8			7	1	2		
				8		7	6	
		6	2	4		3		
	7	2	8					
	5	4	7		3			
						1		8

Easy 2

		1						
8	4	3						9
9				1				
				2			3	
4	3							
2						7		8
	7		1			8		
	2		8			4		
5		9		7		2		1

Easy 3

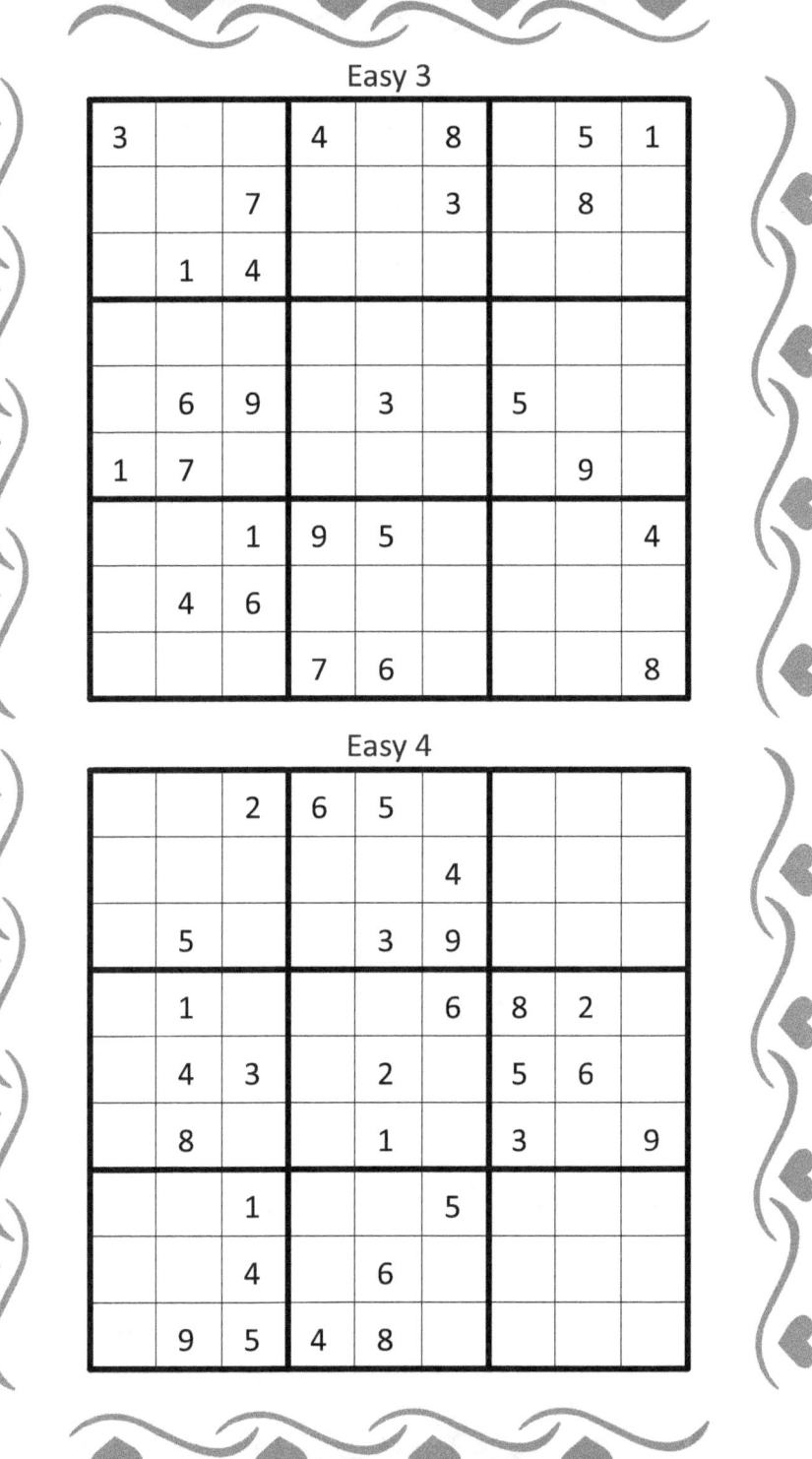

3			4		8		5	1
		7			3		8	
	1	4						
	6	9		3		5		
1	7						9	
		1	9	5				4
	4	6						
			7	6				8

Easy 4

		2	6	5				
					4			
	5			3	9			
	1				6	8	2	
	4	3		2		5	6	
	8			1		3		9
		1			5			
		4		6				
	9	5	4	8				

Easy 5

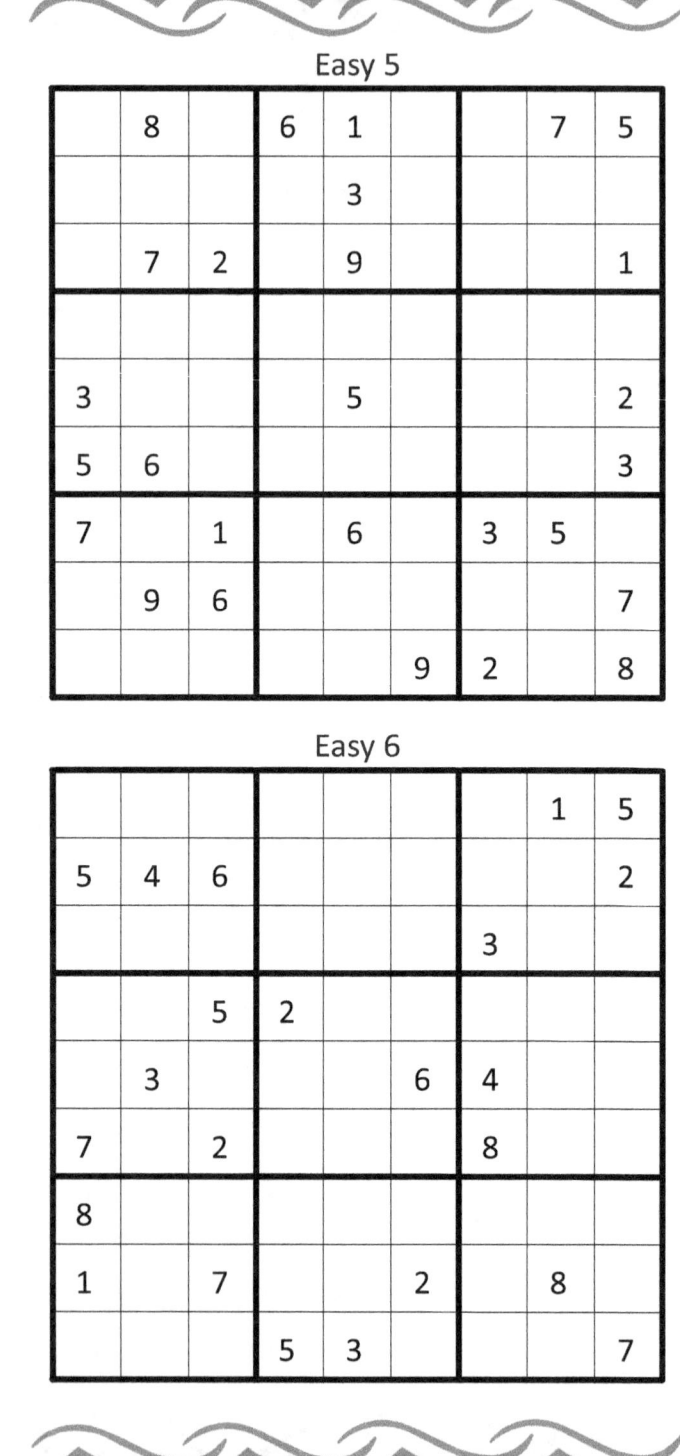

	8		6	1			7	5
				3				
	7	2		9				1
3				5				2
5	6							3
7		1		6		3	5	
	9	6						7
					9	2		8

Easy 6

							1	5
5	4	6						2
						3		
		5	2					
	3				6	4		
7		2				8		
8								
1		7			2		8	
			5	3				7

Easy 7

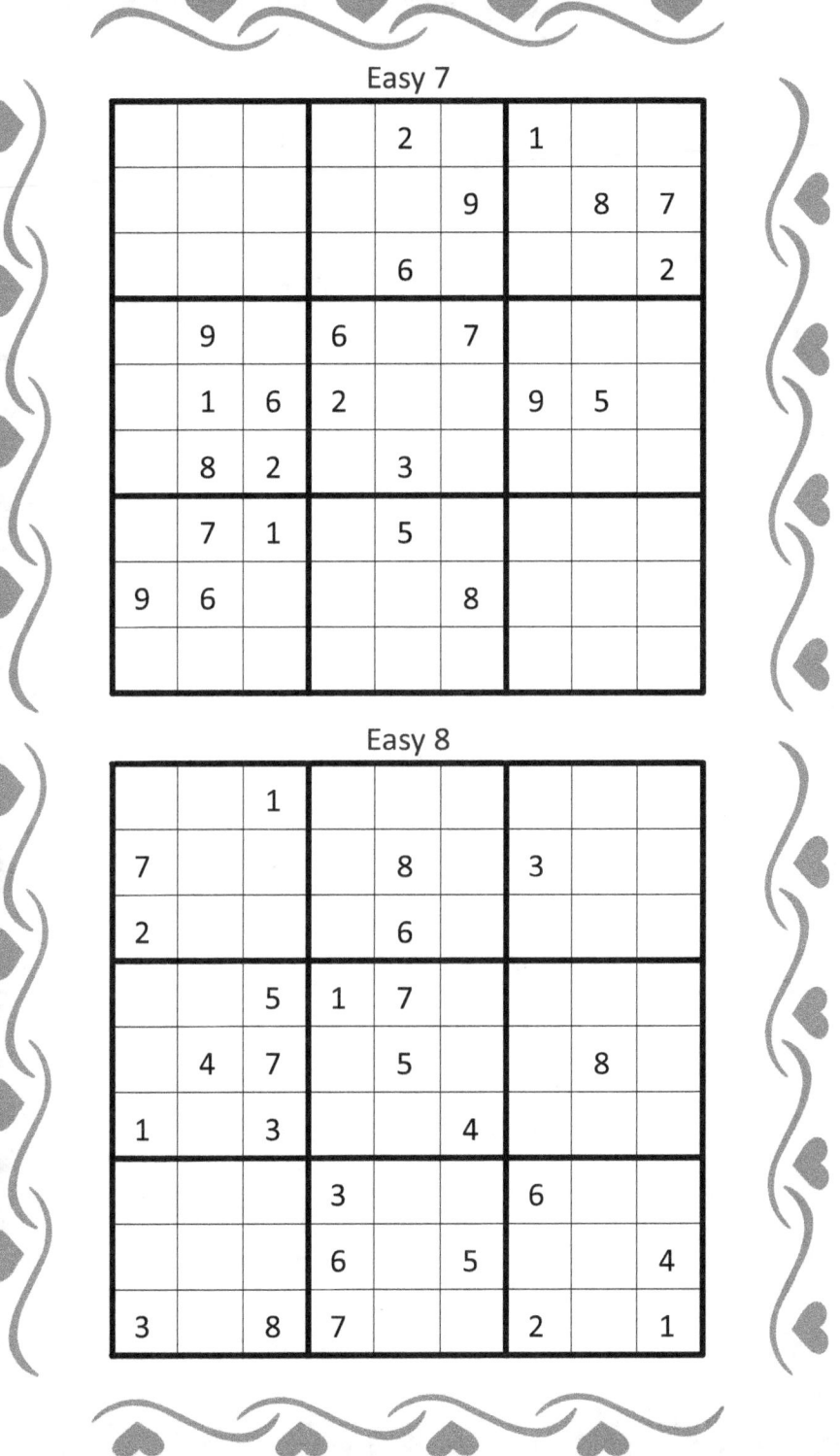

				2		1		
					9		8	7
				6				2
	9		6		7			
	1	6	2			9	5	
	8	2		3				
	7	1		5				
9	6				8			

Easy 8

		1						
7				8		3		
2				6				
		5	1	7				
	4	7		5			8	
1		3			4			
			3			6		
			6		5			4
3		8	7			2		1

Easy 9

	4	7	9			8		
	6				8			
		8		2				1
1						4		
	9		6		4	3		
7			3		9		1	8
					6			9
				8		7		6

Easy 10

		3			6		8	1
	8		7			5		
			1	9			2	
6		9						
	3							
7		8						
	9	7			5	3		8
		5		6				2
	1			3				

Easy 11

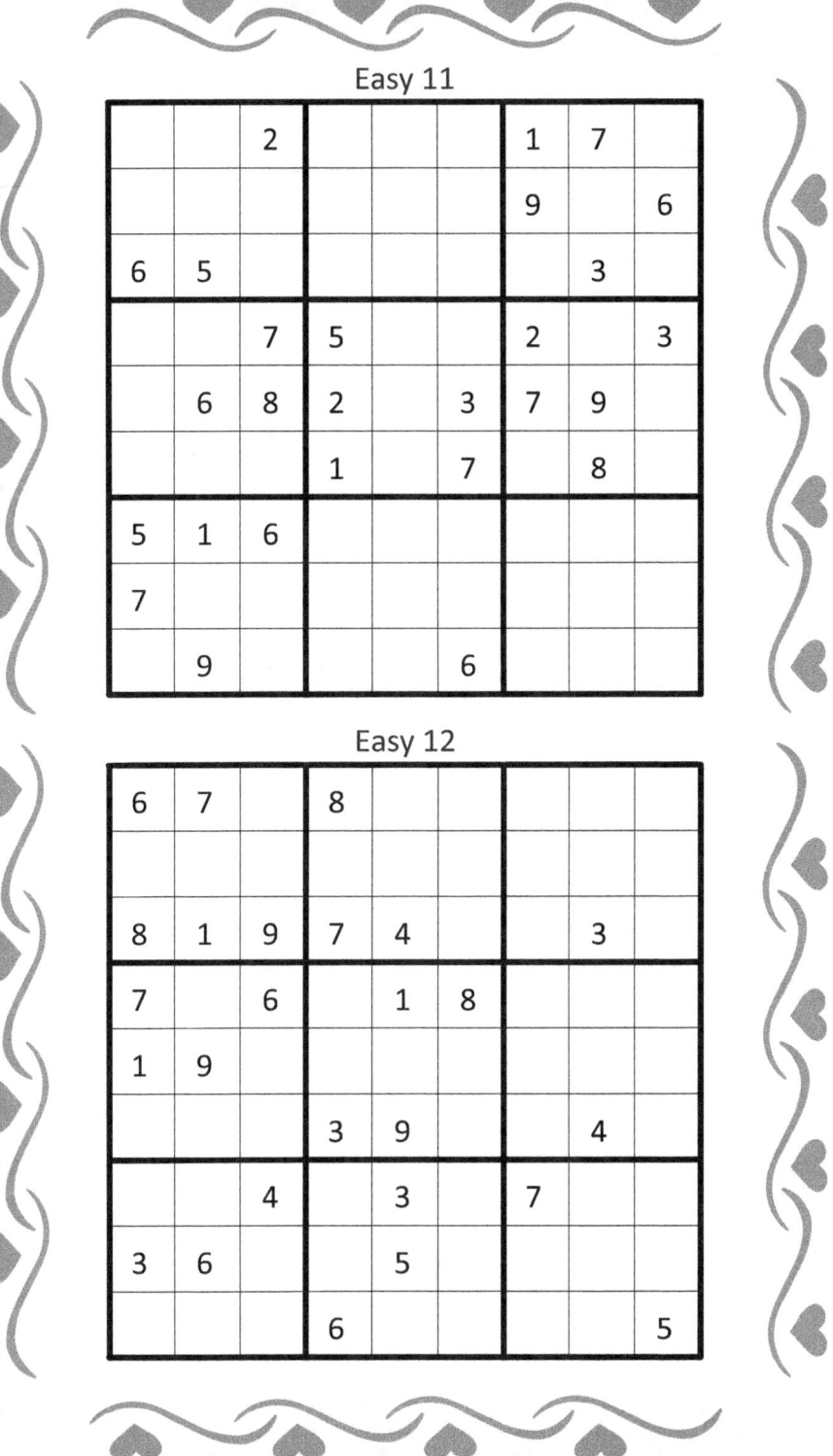

		2				1	7	
						9		6
6	5						3	
		7	5			2		3
	6	8	2		3	7	9	
			1		7		8	
5	1	6						
7								
	9				6			

Easy 12

6	7		8					
8	1	9	7	4			3	
7		6		1	8			
1	9							
			3	9			4	
		4		3		7		
3	6			5				
			6					5

Easy 13

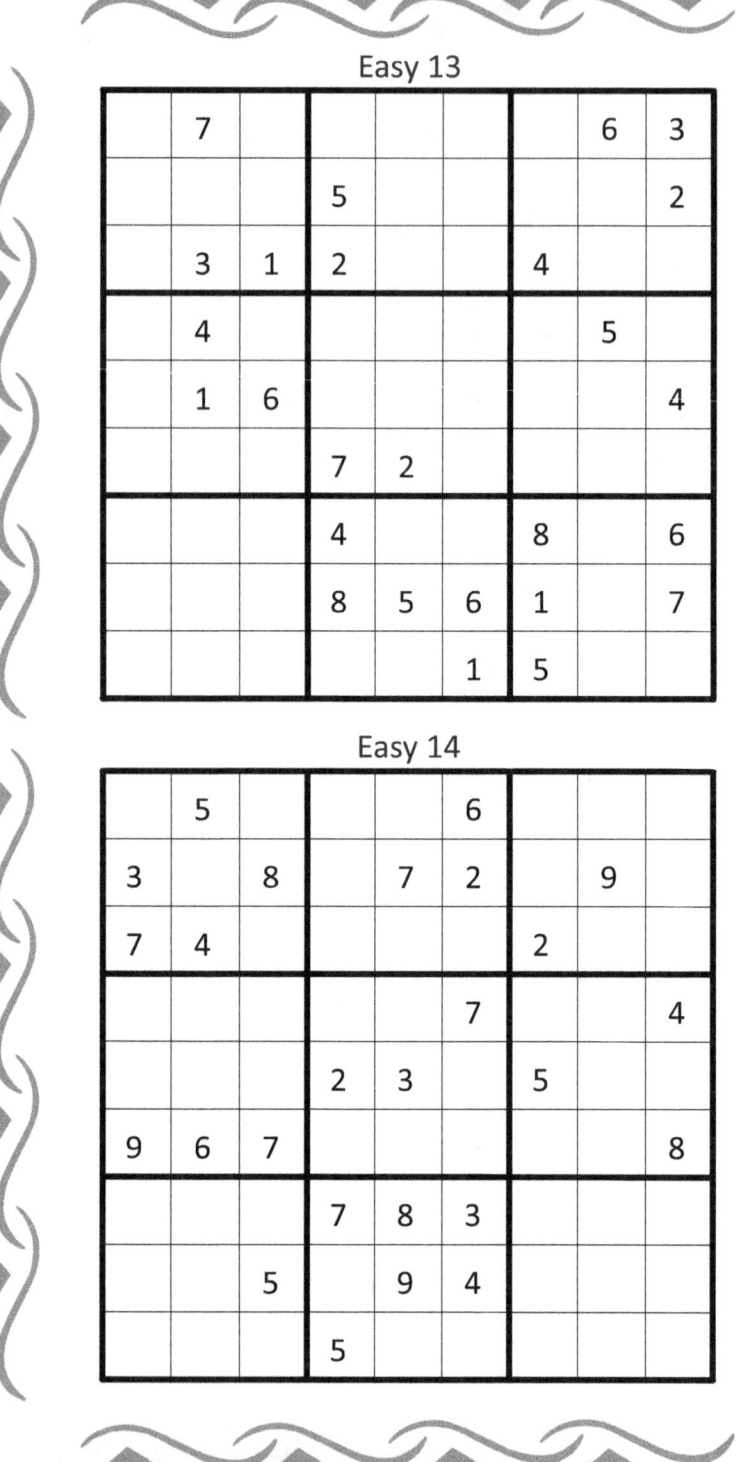

	7						6	3
			5					2
	3	1	2			4		
	4						5	
	1	6						4
			7	2				
			4			8		6
			8	5	6	1		7
					1	5		

Easy 14

	5				6			
3		8		7	2		9	
7	4					2		
					7			4
			2	3		5		
9	6	7						8
			7	8	3			
		5		9	4			
			5					

Easy 15

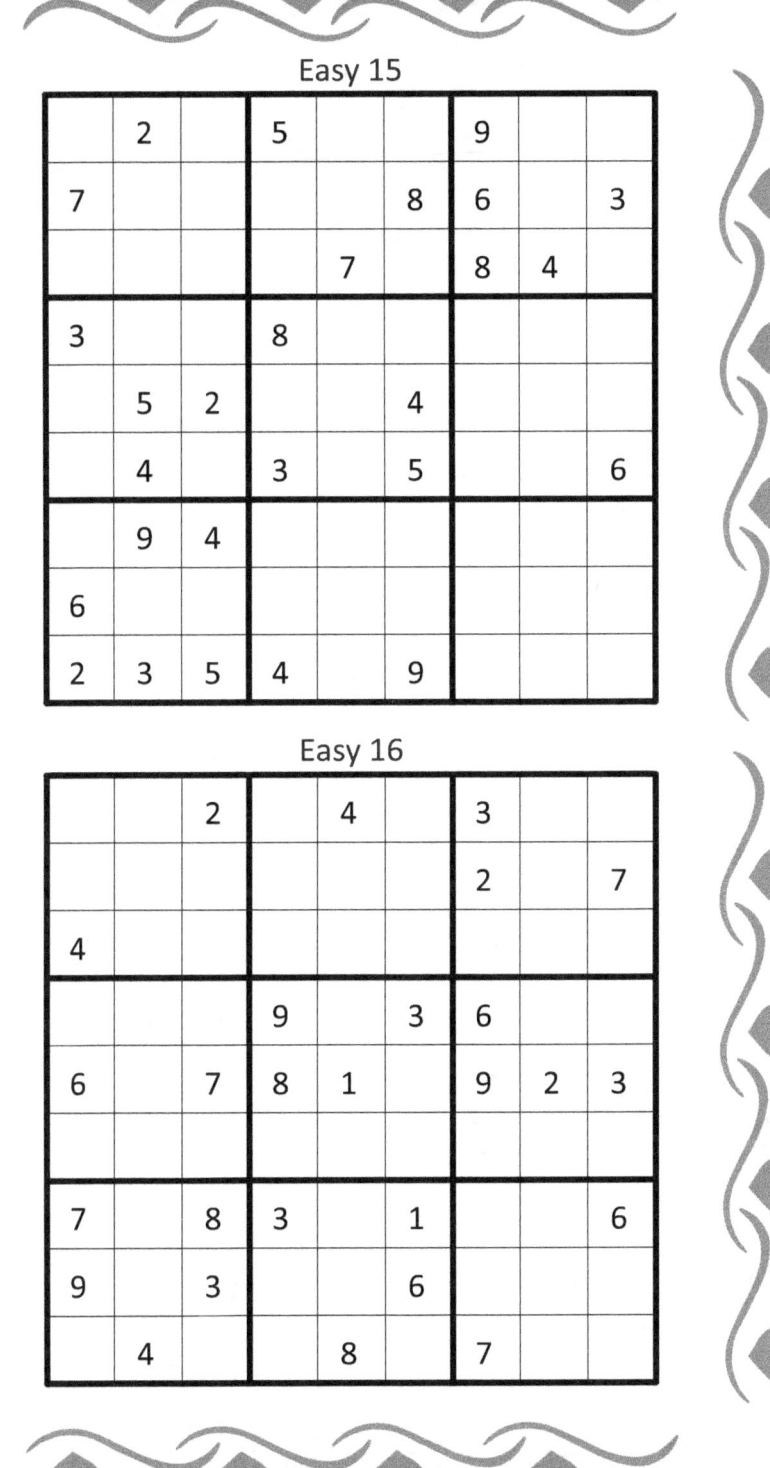

	2		5			9		
7					8	6		3
				7		8	4	
3			8					
	5	2			4			
	4		3		5			6
	9	4						
6								
2	3	5	4		9			

Easy 16

		2		4		3		
						2		7
4								
			9		3	6		
6		7	8	1		9	2	3
7		8	3		1			6
9		3			6			
	4			8		7		

Easy 17

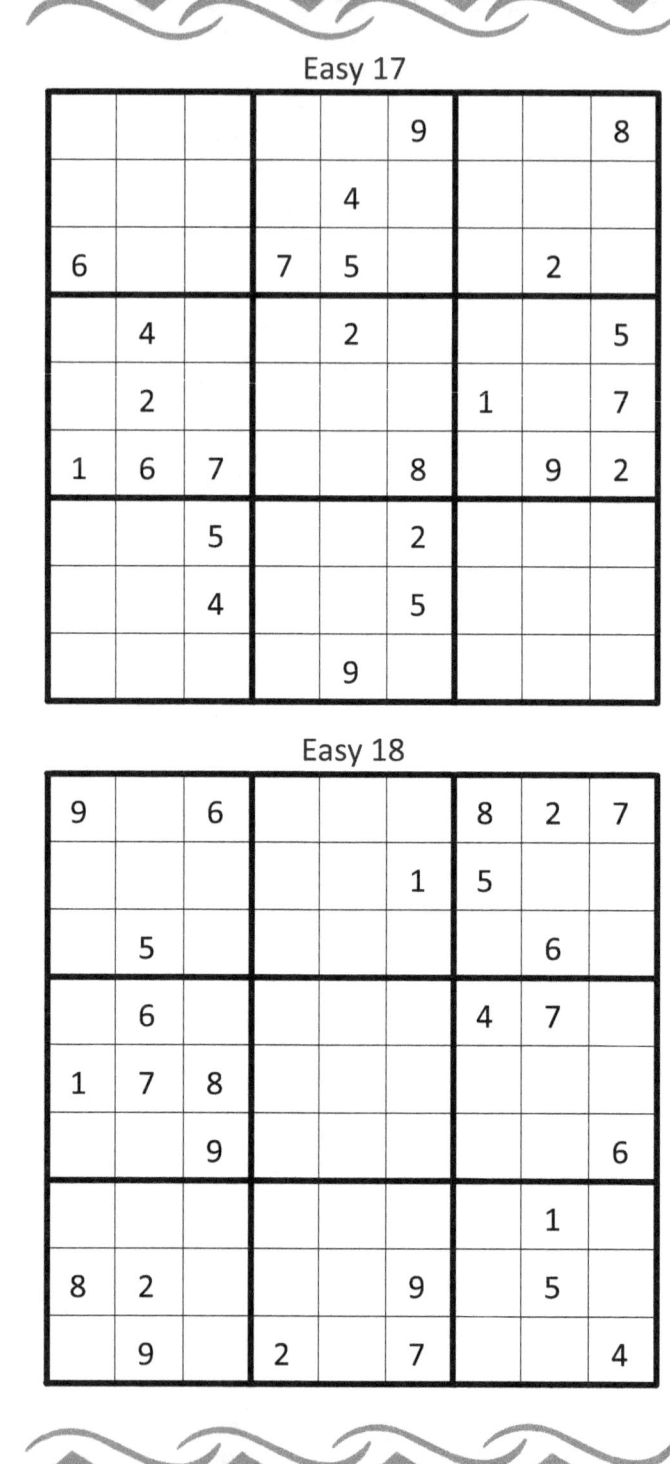

					9			8
				4				
6			7	5			2	
	4			2				5
	2					1		7
1	6	7			8		9	2
		5			2			
		4			5			
				9				

Easy 18

9		6				8	2	7
					1	5		
	5						6	
	6					4	7	
1	7	8						
		9						6
							1	
8	2				9		5	
	9		2		7			4

Easy 19

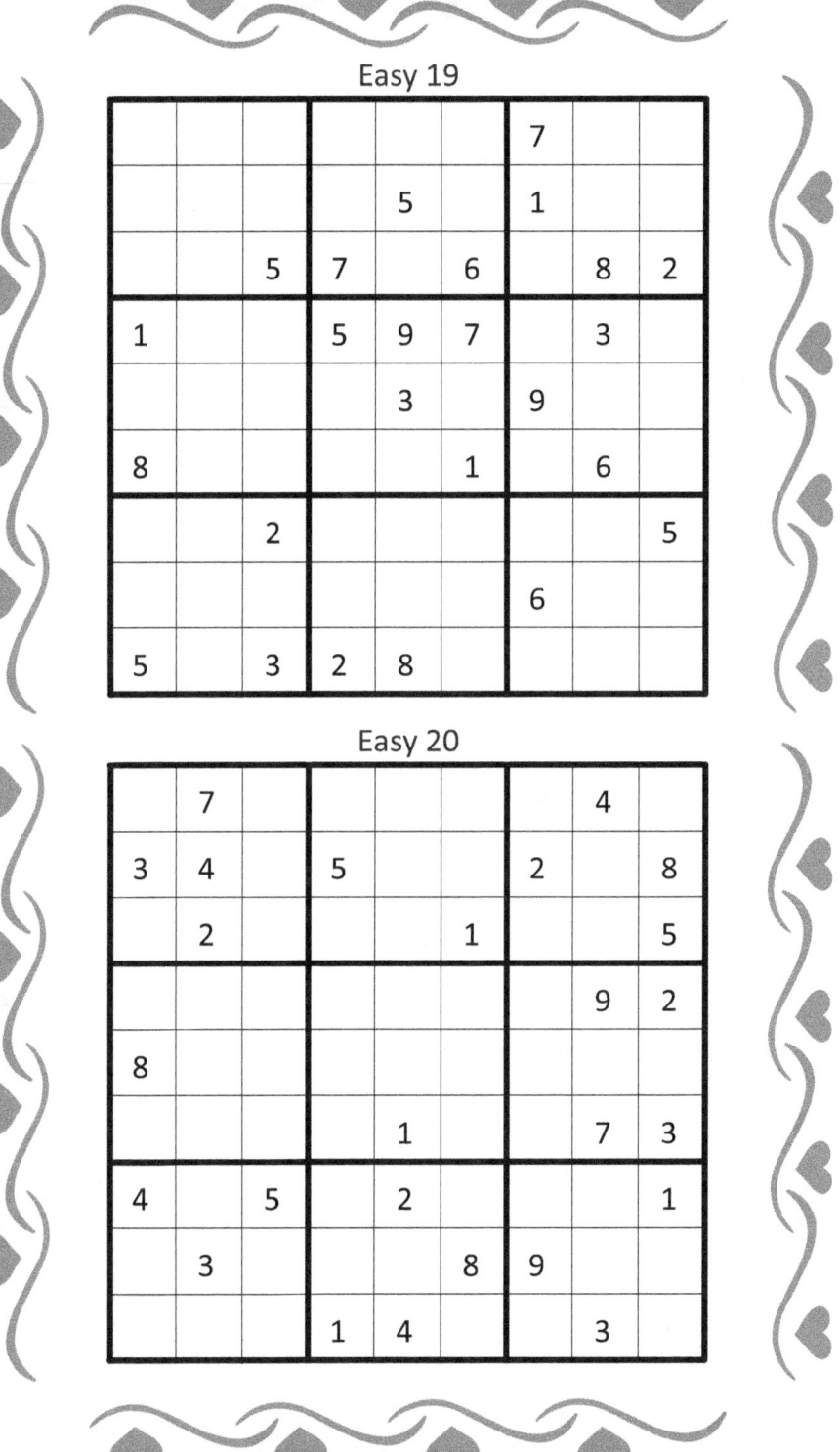

						7		
				5		1		
		5	7		6		8	2
1			5	9	7		3	
				3		9		
8					1		6	
		2						5
						6		
5		3	2	8				

Easy 20

	7						4	
3	4		5			2		8
	2				1			5
							9	2
8								
				1			7	3
4		5		2				1
	3				8	9		
			1	4			3	

Easy 21

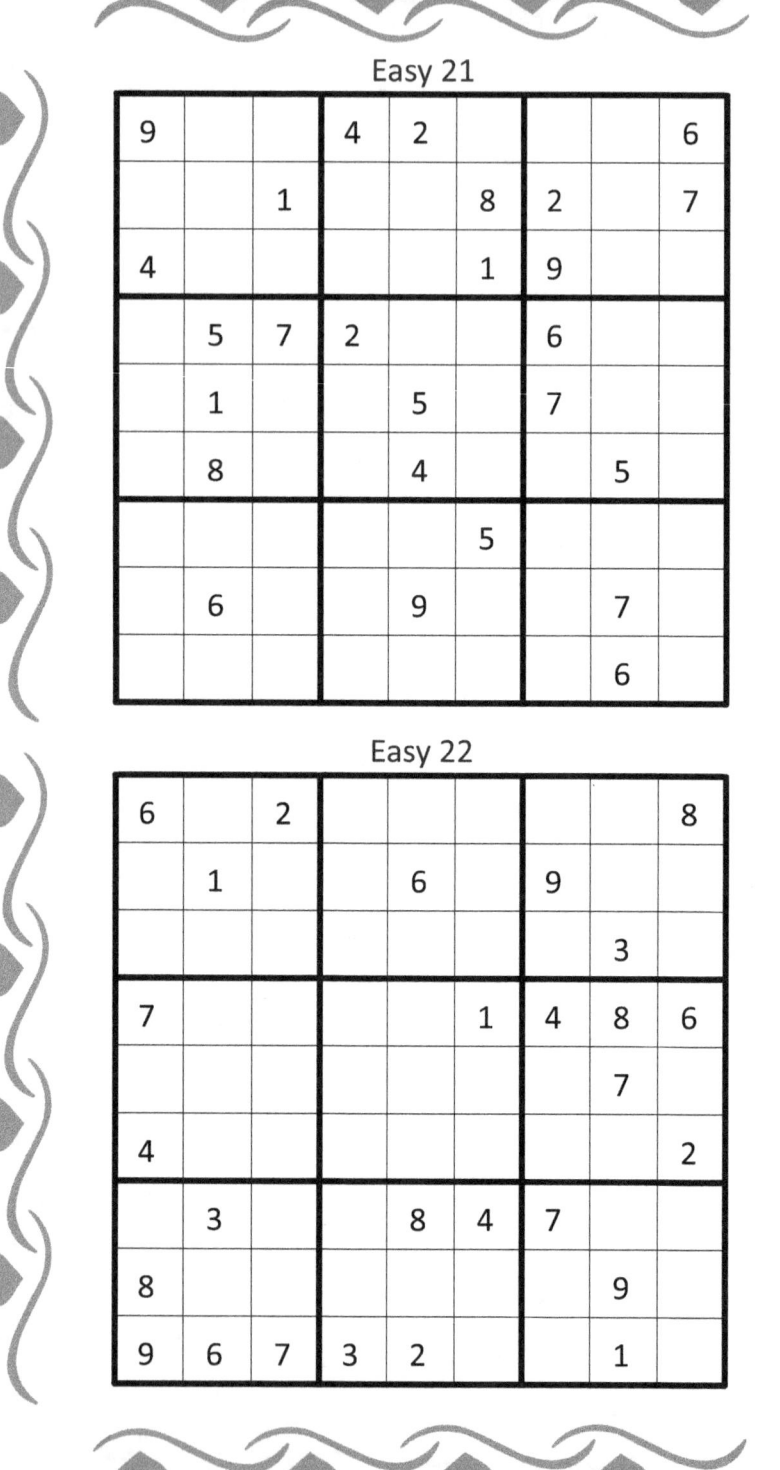

9			4	2				6
		1			8	2		7
4					1	9		
	5	7	2			6		
	1			5		7		
	8			4			5	
					5			
	6			9			7	
							6	

Easy 22

6		2						8
	1			6		9		
							3	
7					1	4	8	6
							7	
4								2
	3			8	4	7		
8							9	
9	6	7	3	2			1	

Easy 23

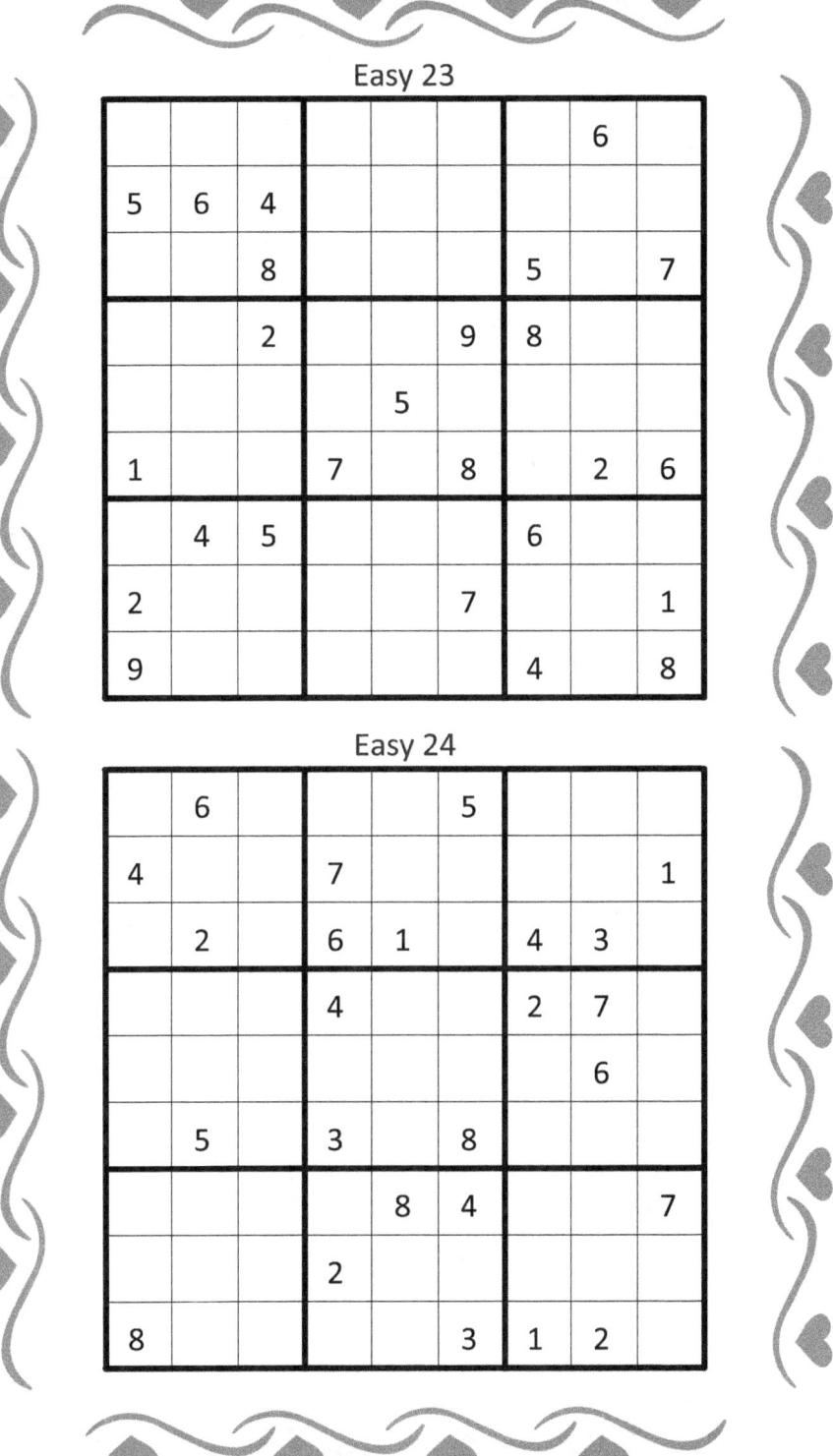

							6	
5	6	4						
		8				5		7
		2			9	8		
				5				
1			7		8		2	6
	4	5				6		
2					7			1
9						4		8

Easy 24

	6				5			
4			7					1
	2		6	1		4	3	
			4			2	7	
							6	
	5		3		8			
				8	4			7
			2					
8					3	1	2	

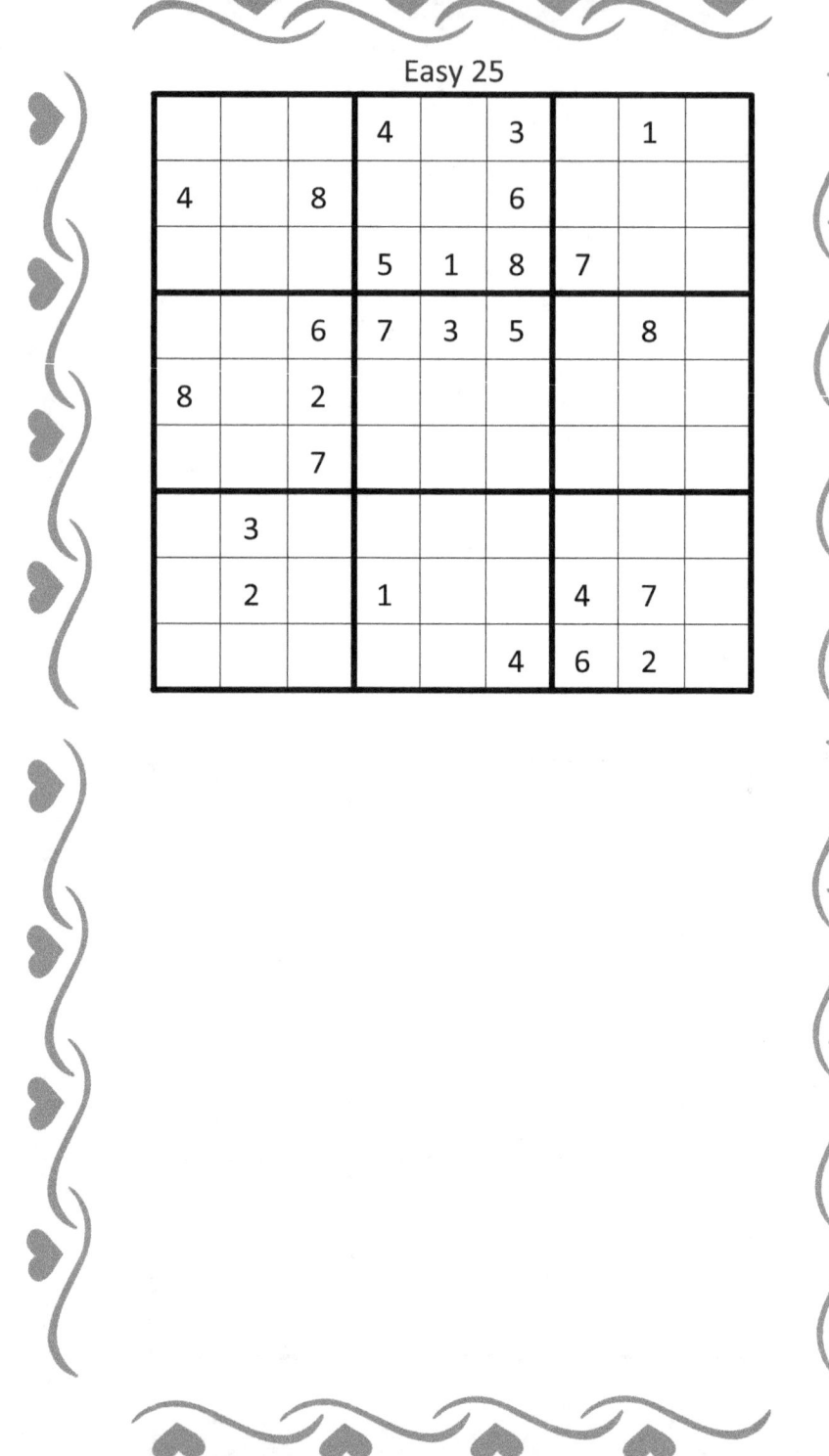

Intermediate

Intermediate 1

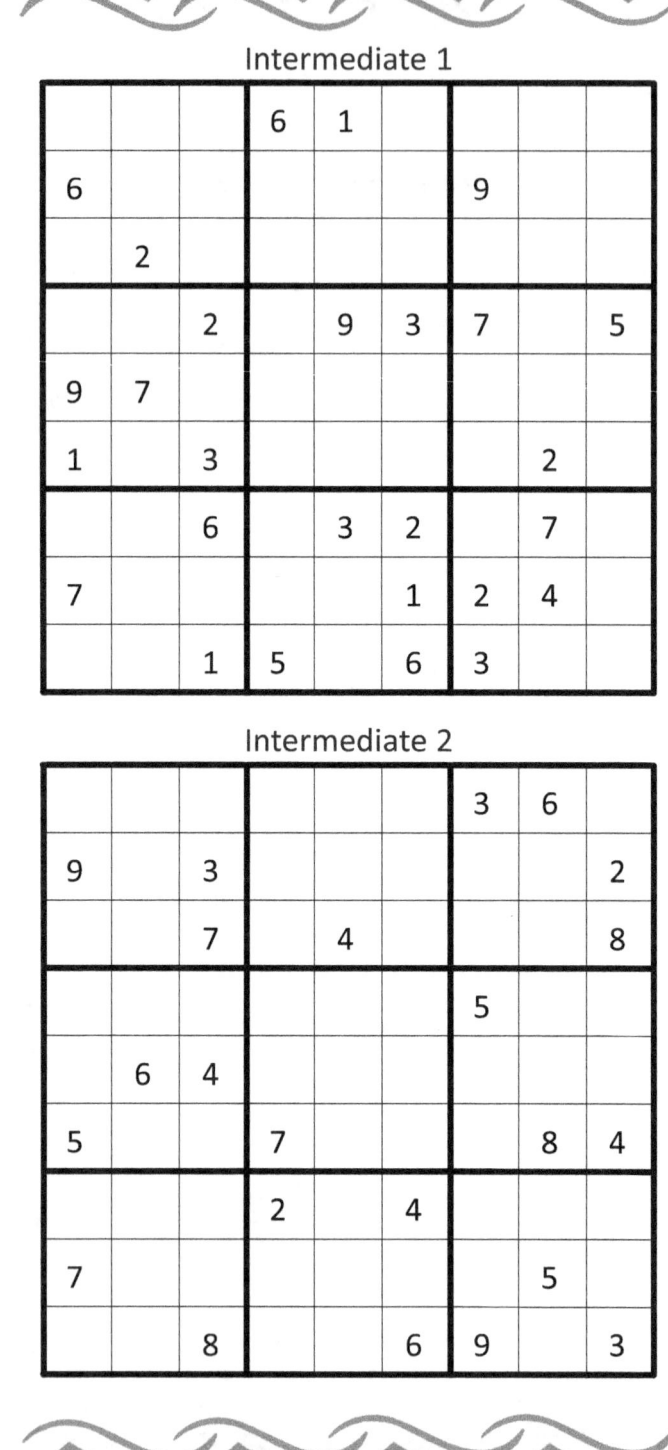

			6	1				
6						9		
	2							
		2		9	3	7		5
9	7							
1		3					2	
		6		3	2		7	
7					1	2	4	
		1	5		6	3		

Intermediate 2

						3	6	
9		3						2
		7		4				8
						5		
	6	4						
5			7				8	4
			2		4			
7							5	
		8			6	9		3

Intermediate 3

			7				2	
	6				3			
			9	1	8		3	
1					7			4
		3				8		1
	2					3	7	
	7	1						9
		4			6	1		
					4			

Intermediate 4

					7		2	
	3							
	1						8	
				5		2	9	
		6	9				7	5
		7		2	3	1		8
	6	8					5	
	5		6	3		8		
					2			

Intermediate 5

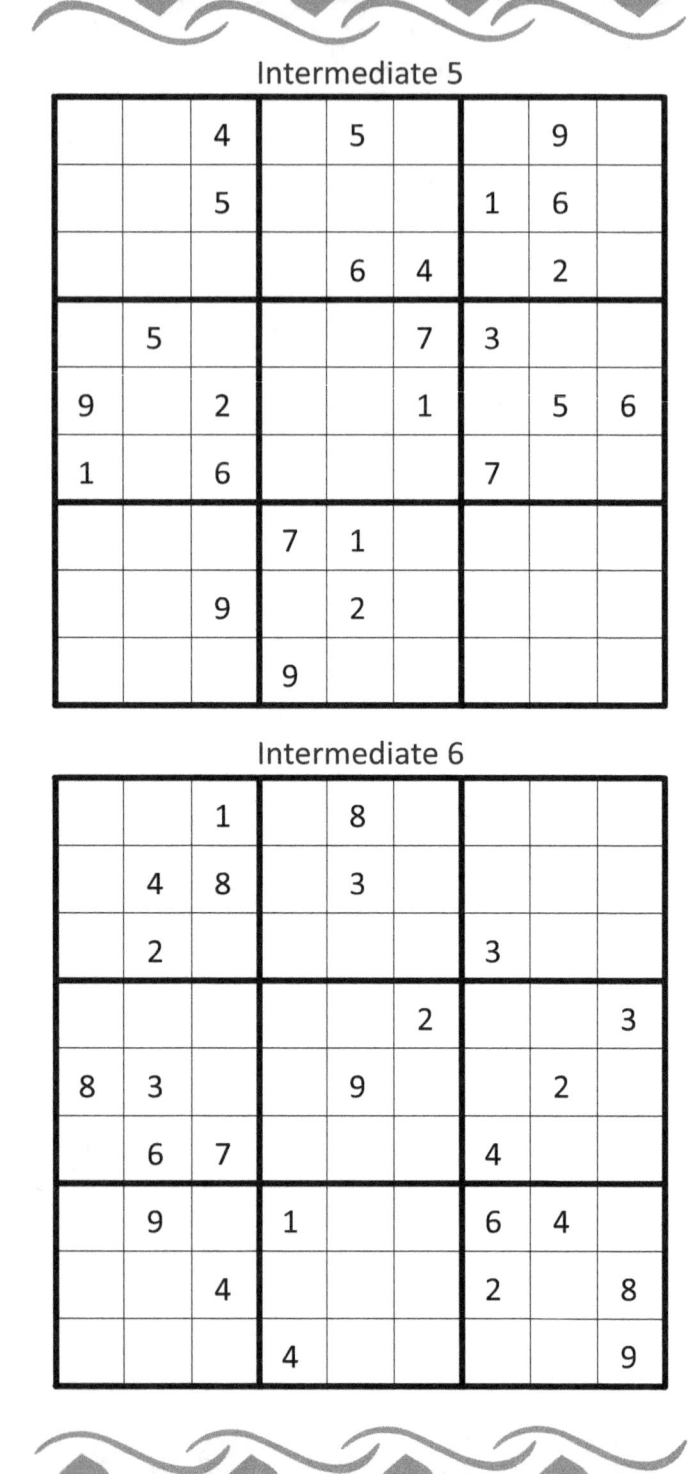

		4		5			9	
		5				1	6	
			6	4			2	
	5				7	3		
9		2			1		5	6
1		6				7		
			7	1				
		9		2				
			9					

Intermediate 6

		1		8				
	4	8		3				
	2					3		
					2			3
8	3			9			2	
	6	7				4		
	9		1			6	4	
		4				2		8
			4					9

Intermediate 7

			7	4			2	9
5				1			4	
4						5		
							6	7
		9	6				5	
7	3			9		2		1
						6	9	
		7				3		5
3	2							

Intermediate 8

	7	3	2				6	
	5				7			
2		9		5	6	3	4	
		6	1	7				3
		7				9	2	
	3			4				
						4	3	
								9
				1		2	7	

Intermediate 9

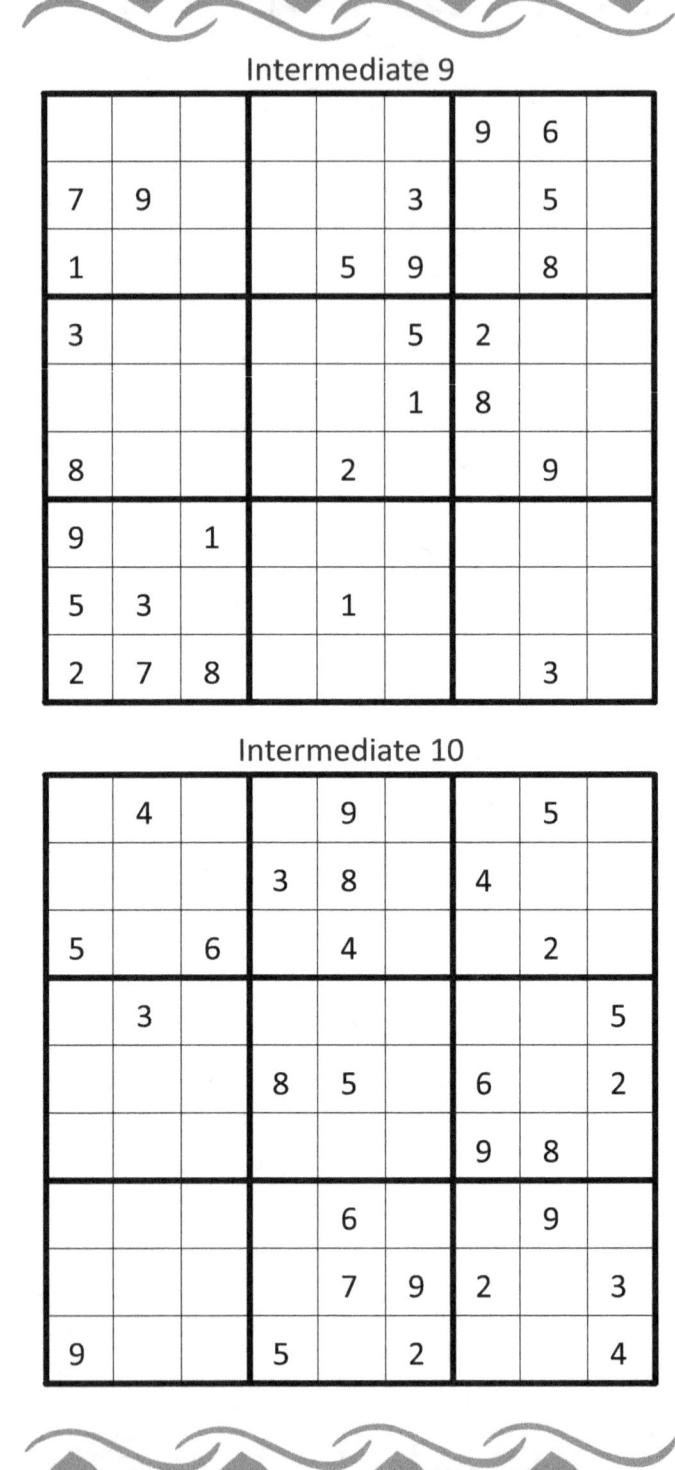

						9	6	
7	9				3		5	
1				5	9		8	
3					5	2		
					1	8		
8				2			9	
9		1						
5	3			1				
2	7	8					3	

Intermediate 10

	4			9			5	
			3	8		4		
5		6		4			2	
	3							5
			8	5		6		2
						9	8	
				6			9	
				7	9	2		3
9			5		2			4

Intermediate 11

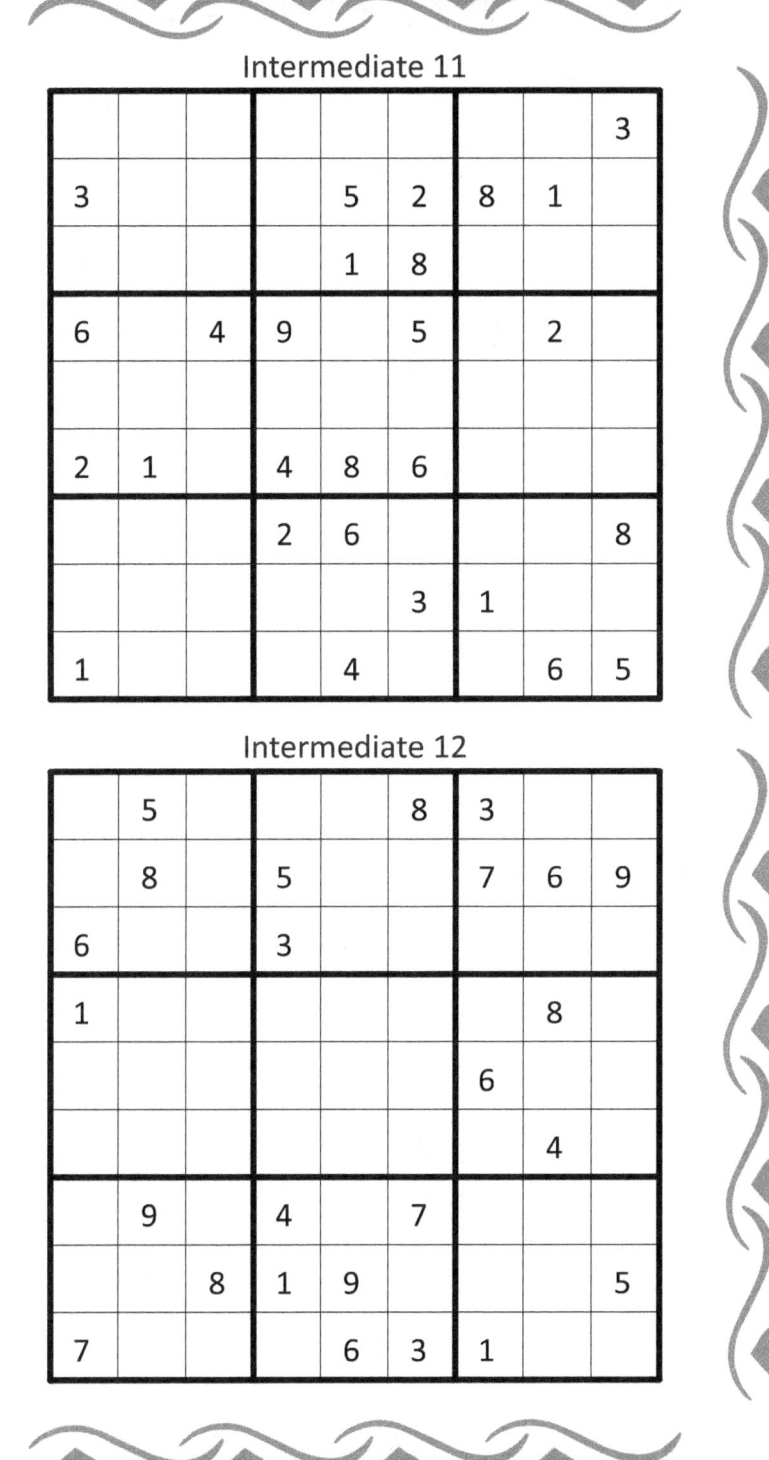

								3
3				5	2	8	1	
				1	8			
6		4	9		5		2	
2	1		4	8	6			
			2	6				8
					3	1		
1				4			6	5

Intermediate 12

	5				8	3		
	8		5			7	6	9
6			3					
1							8	
						6		
							4	
	9		4		7			
		8	1	9				5
7				6	3	1		

Intermediate 13

		8			6		1	
		6	3	4		7		
1	7			8	2			3
		9						
	8		9			2	4	6
	6		4					
7						6	3	
	3					1	8	4

Intermediate 14

			4	8				
	4						9	
7	5			9				6
2				3				
	3		8	6	7			
		6	5		2			
	8	3					7	
5		4				9	3	
6					5			

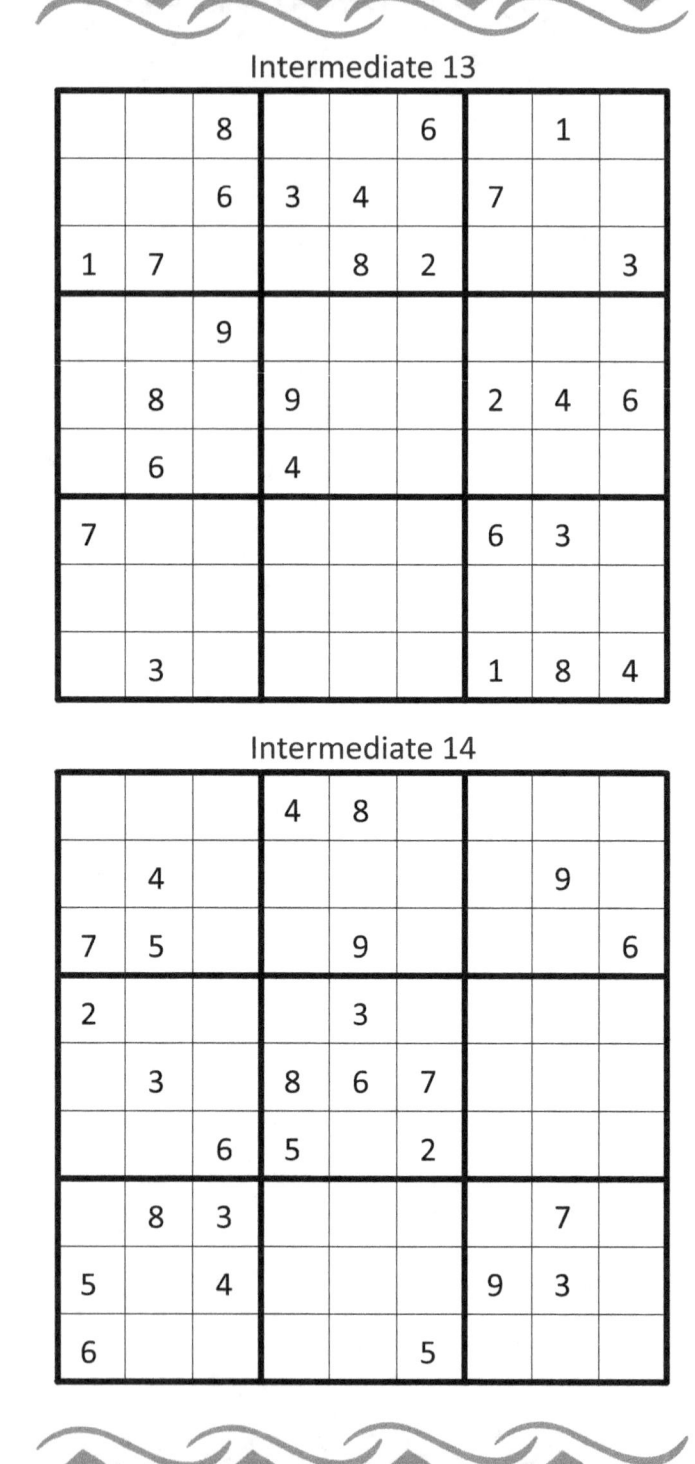

Intermediate 15

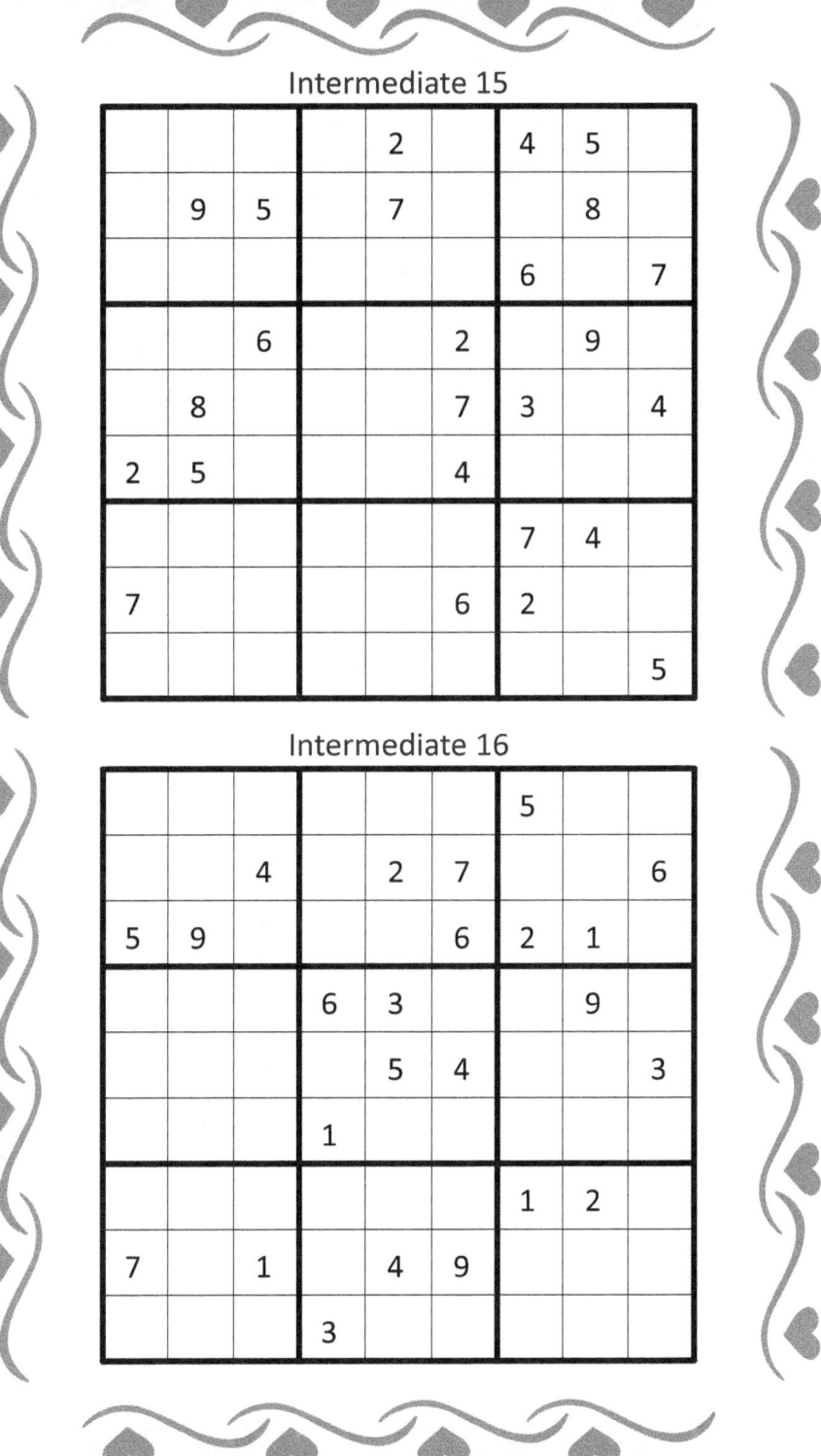

				2		4	5	
	9	5		7			8	
						6		7
		6			2		9	
	8				7	3		4
2	5				4			
						7	4	
7					6	2		
								5

Intermediate 16

						5		
		4		2	7			6
5	9				6	2	1	
			6	3			9	
				5	4			3
			1					
						1	2	
7		1		4	9			
			3					

Intermediate 17

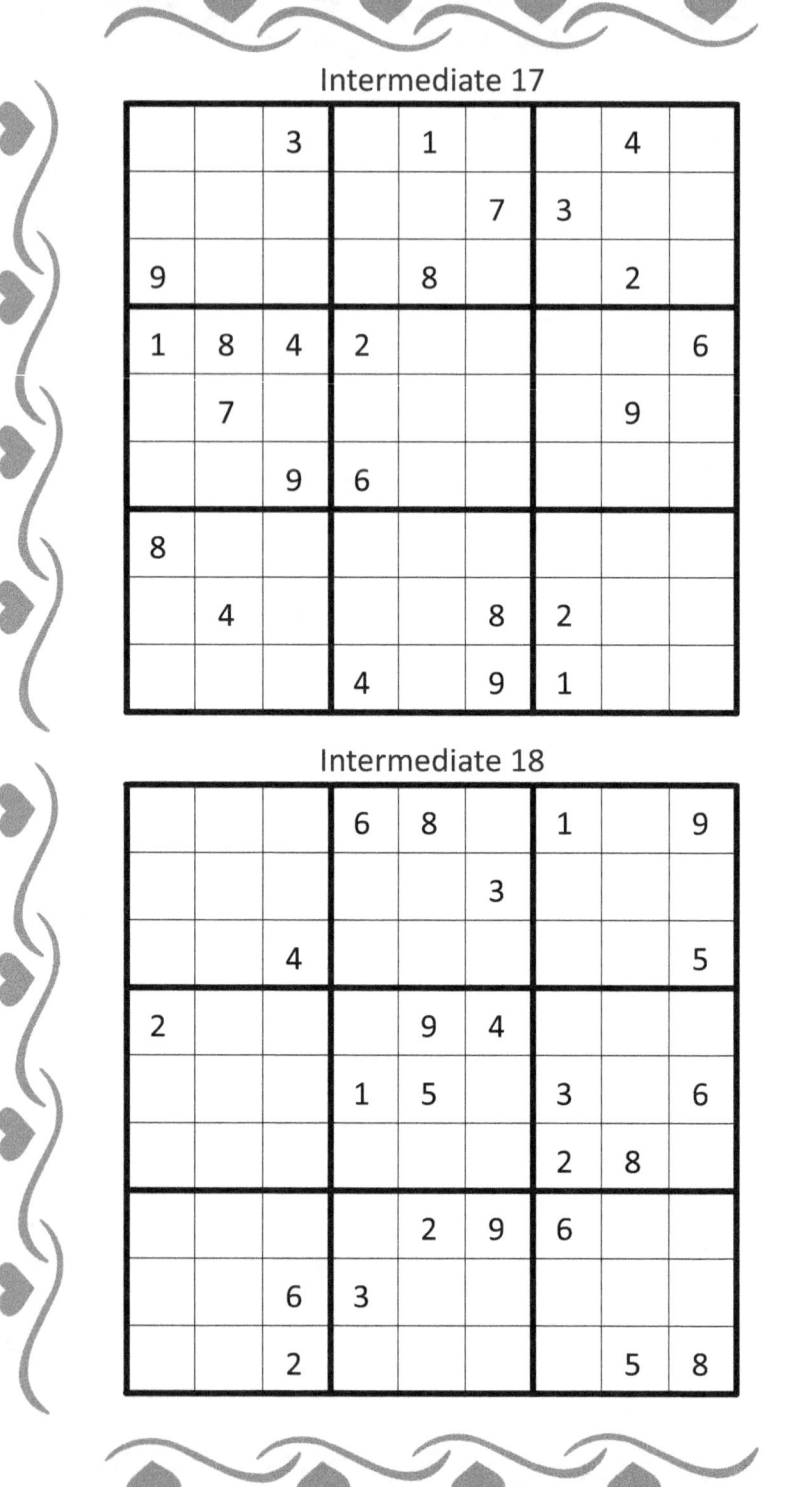

		3		1			4	
					7	3		
9				8			2	
1	8	4	2					6
	7						9	
		9	6					
8								
	4				8	2		
			4		9	1		

Intermediate 18

			6	8		1		9
					3			
		4						5
2				9	4			
			1	5		3		6
						2	8	
				2	9	6		
		6	3					
		2					5	8

Intermediate 19

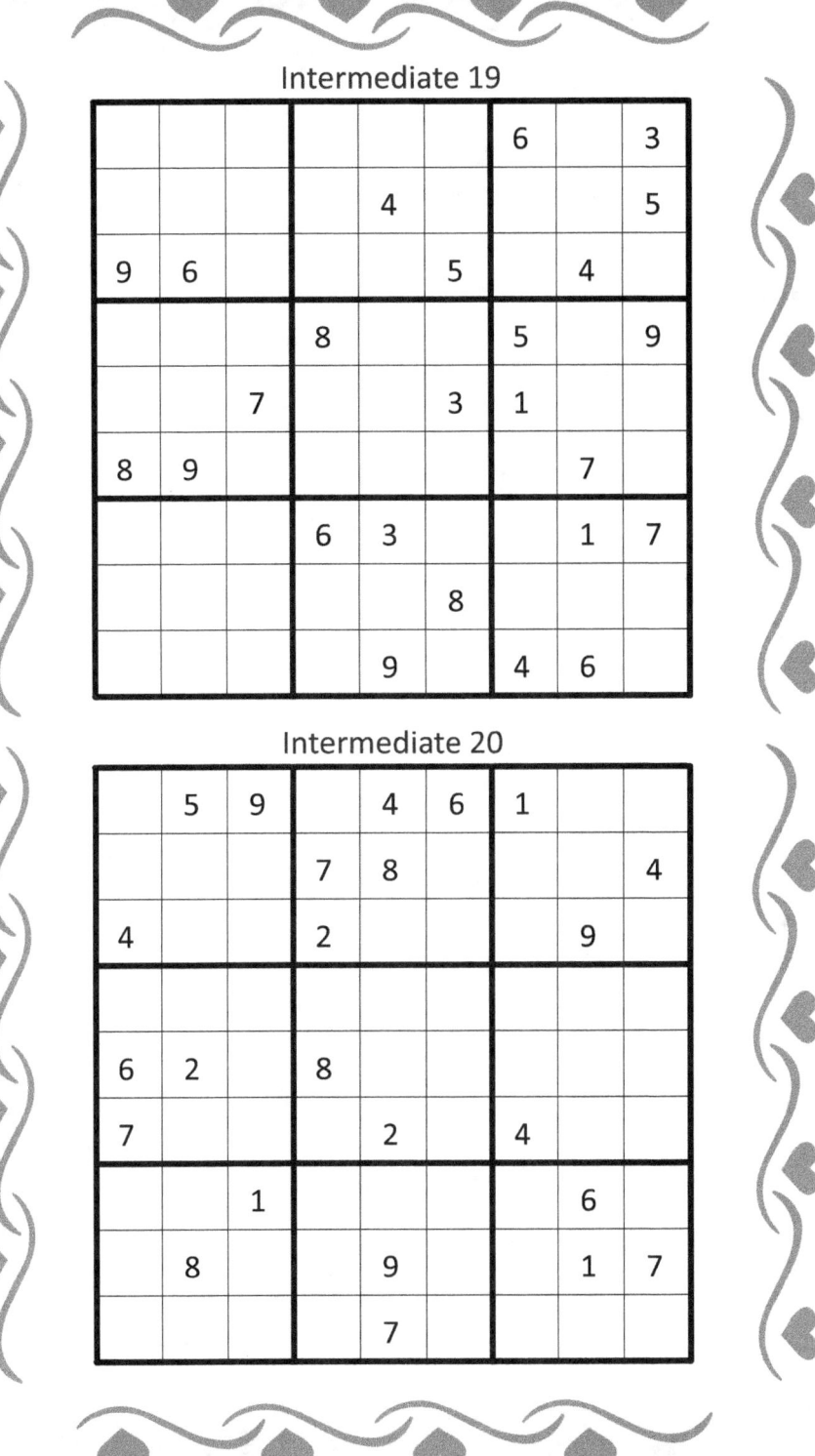

						6		3
				4				5
9	6				5		4	
			8			5		9
		7			3	1		
8	9						7	
			6	3			1	7
					8			
				9		4	6	

Intermediate 20

	5	9		4	6	1		
			7	8				4
4			2				9	
6	2		8					
7				2		4		
		1					6	
	8			9			1	7
				7				

Intermediate 21

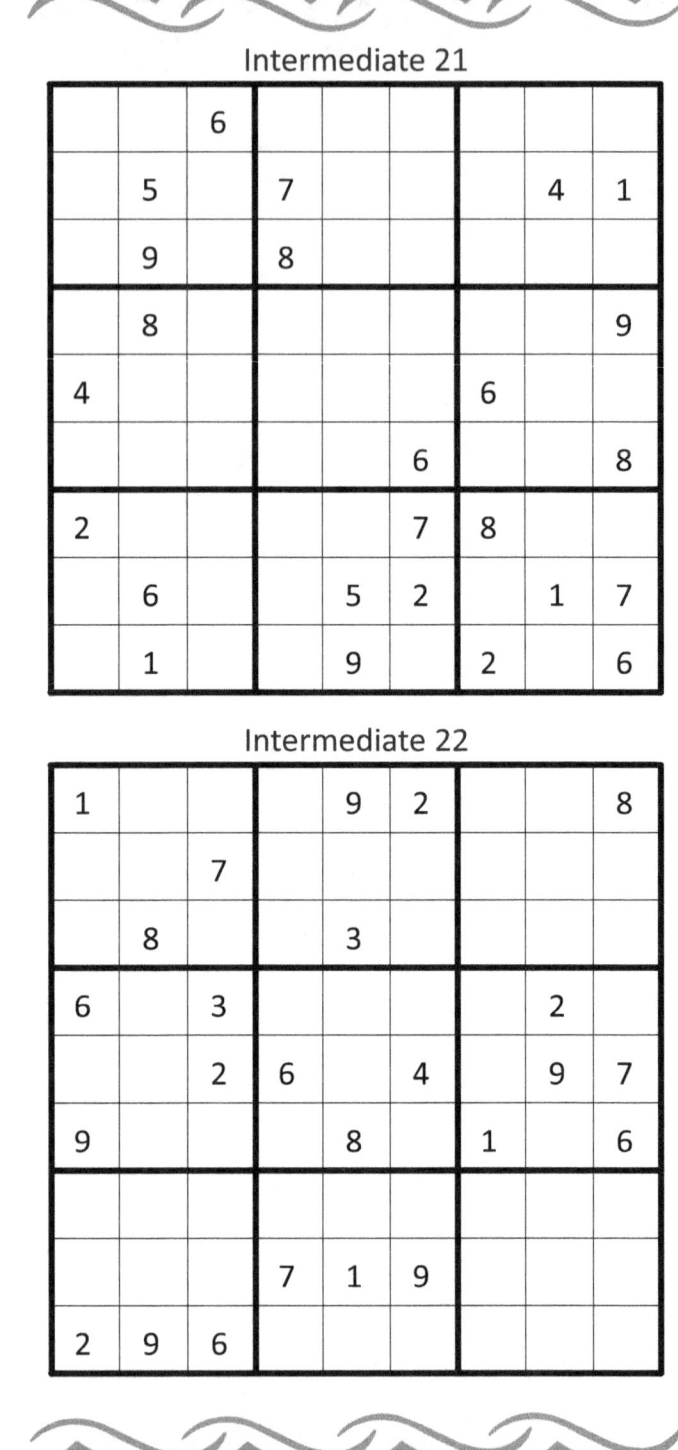

		6						
	5		7				4	1
	9		8					
	8							9
4						6		
					6			8
2					7	8		
	6			5	2		1	7
	1			9		2		6

Intermediate 22

1				9	2			8
		7						
	8			3				
6		3					2	
		2	6		4		9	7
9				8		1		6
			7	1	9			
2	9	6						

Intermediate 23

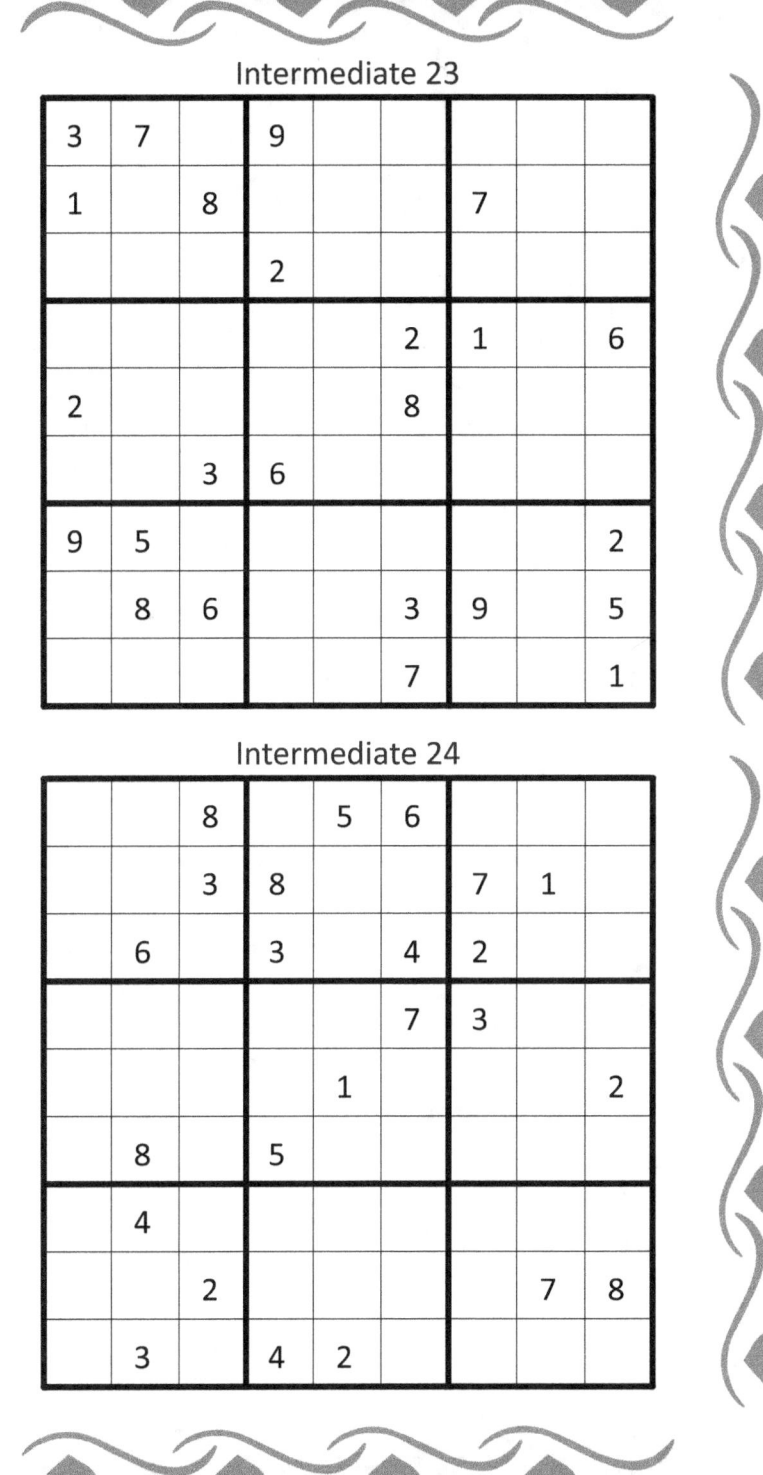

3	7		9					
1		8				7		
			2					
					2	1		6
2					8			
		3	6					
9	5							2
	8	6			3	9		5
					7			1

Intermediate 24

|
		8		5	6			
		3	8			7	1	
	6		3		4	2		
					7	3		
				1				2
	8		5					
	4							
		2					7	8
	3		4	2				

Intermediate 25

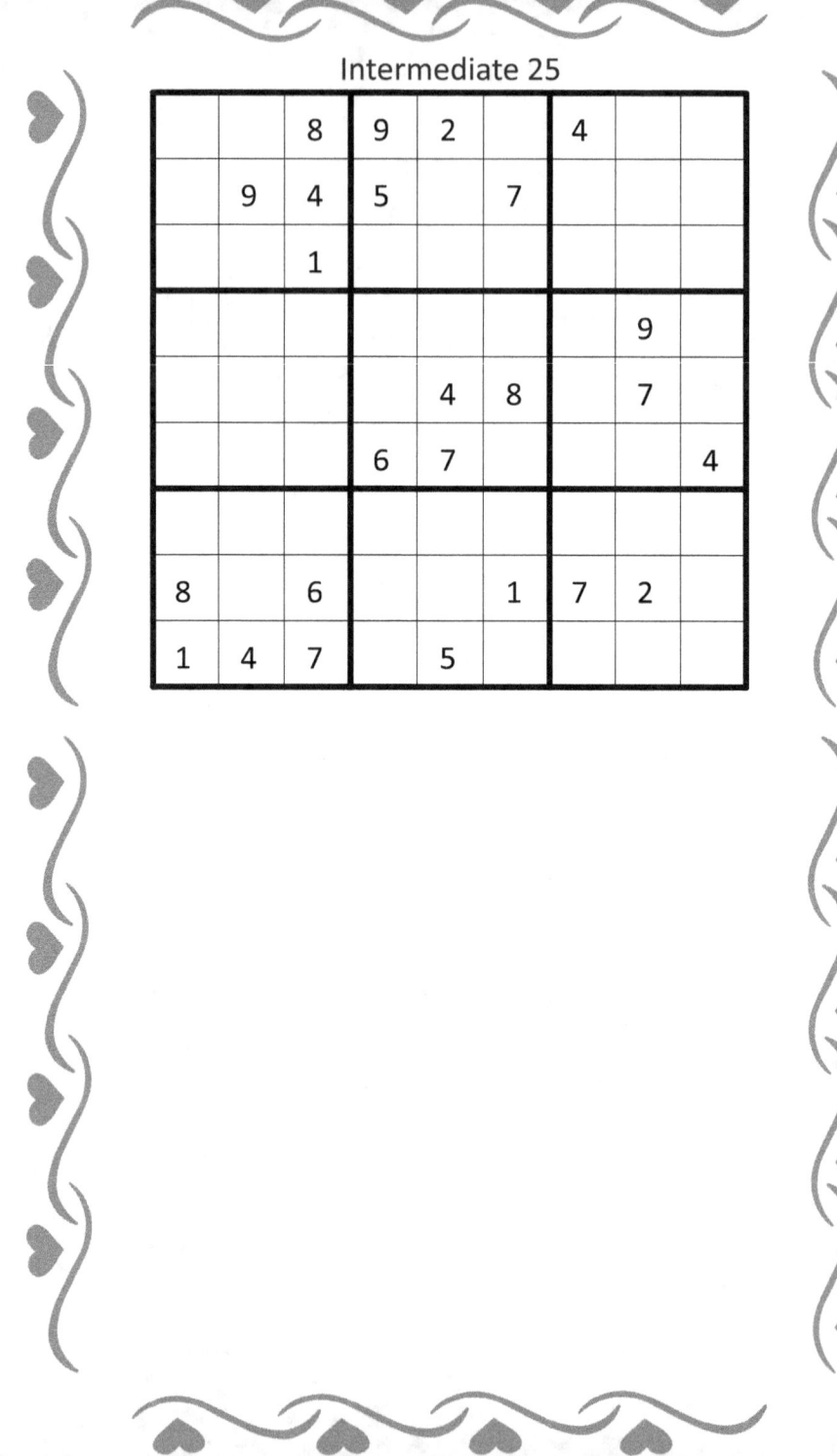

		8	9	2		4		
	9	4	5		7			
		1						
							9	
				4	8		7	
			6	7				4
8		6			1	7	2	
1	4	7		5				

Advanced

Advanced 1

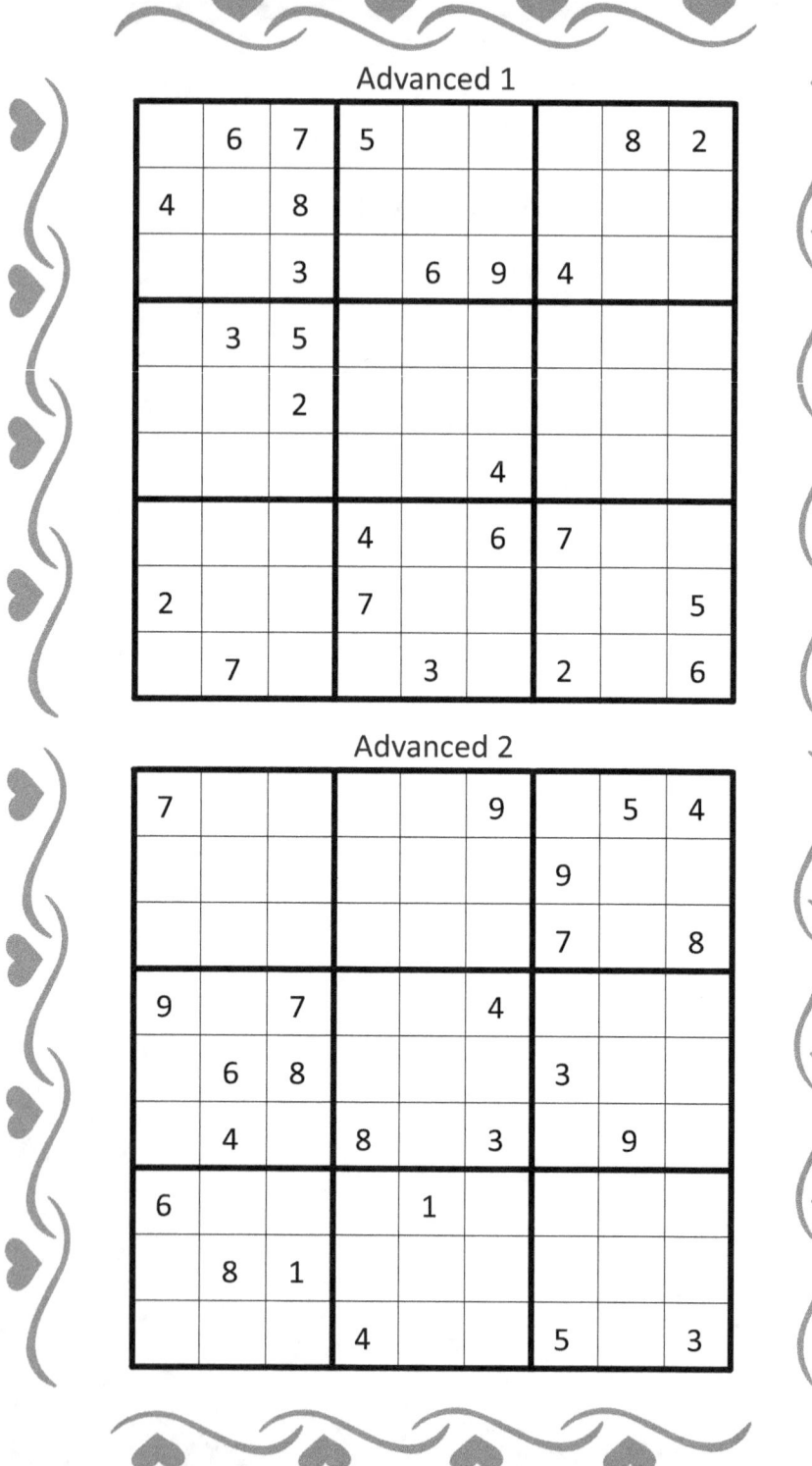

	6	7	5				8	2
4		8						
		3		6	9	4		
	3	5						
		2						
					4			
			4		6	7		
2			7					5
	7			3		2		6

Advanced 2

7					9		5	4
						9		
						7		8
9		7			4			
	6	8				3		
	4		8		3		9	
6				1				
	8	1						
			4			5		3

Advanced 3

3				9				
		6			1	2		
	2							
9							5	
		4	3	6	5		2	
								4
		1						5
		7	9	3			6	
6					2	7	9	

Advanced 4

			5	8	9			1
		6						
	4		7					
3			6	5		1		
5	6	7			3			
4	3			1	7			
	9	5	8			3		
	7		3					9

Advanced 5

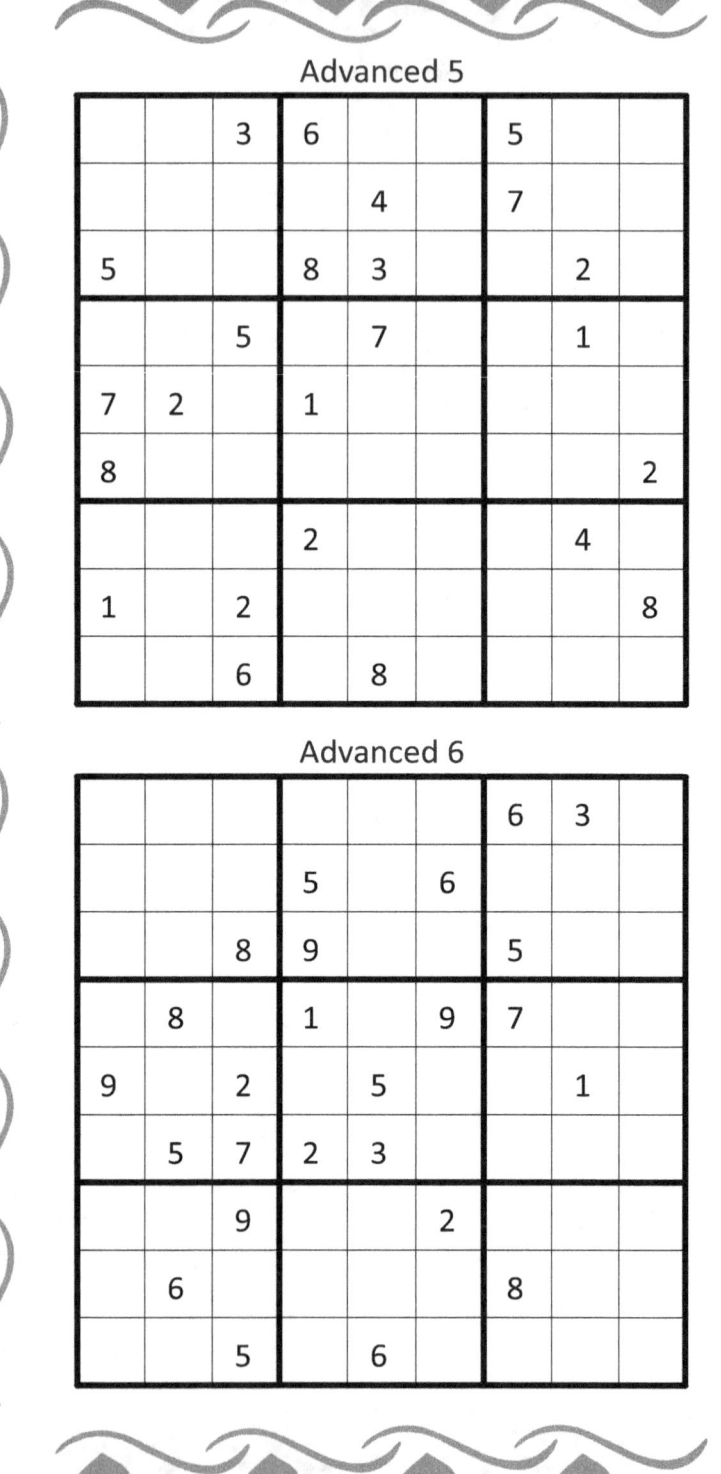

		3	6			5		
				4		7		
5			8	3			2	
		5		7			1	
7	2		1					
8								2
			2				4	
1		2						8
		6		8				

Advanced 6

						6	3	
			5		6			
		8	9			5		
	8		1		9	7		
9		2		5			1	
	5	7	2	3				
		9			2			
	6					8		
		5		6				

Advanced 7

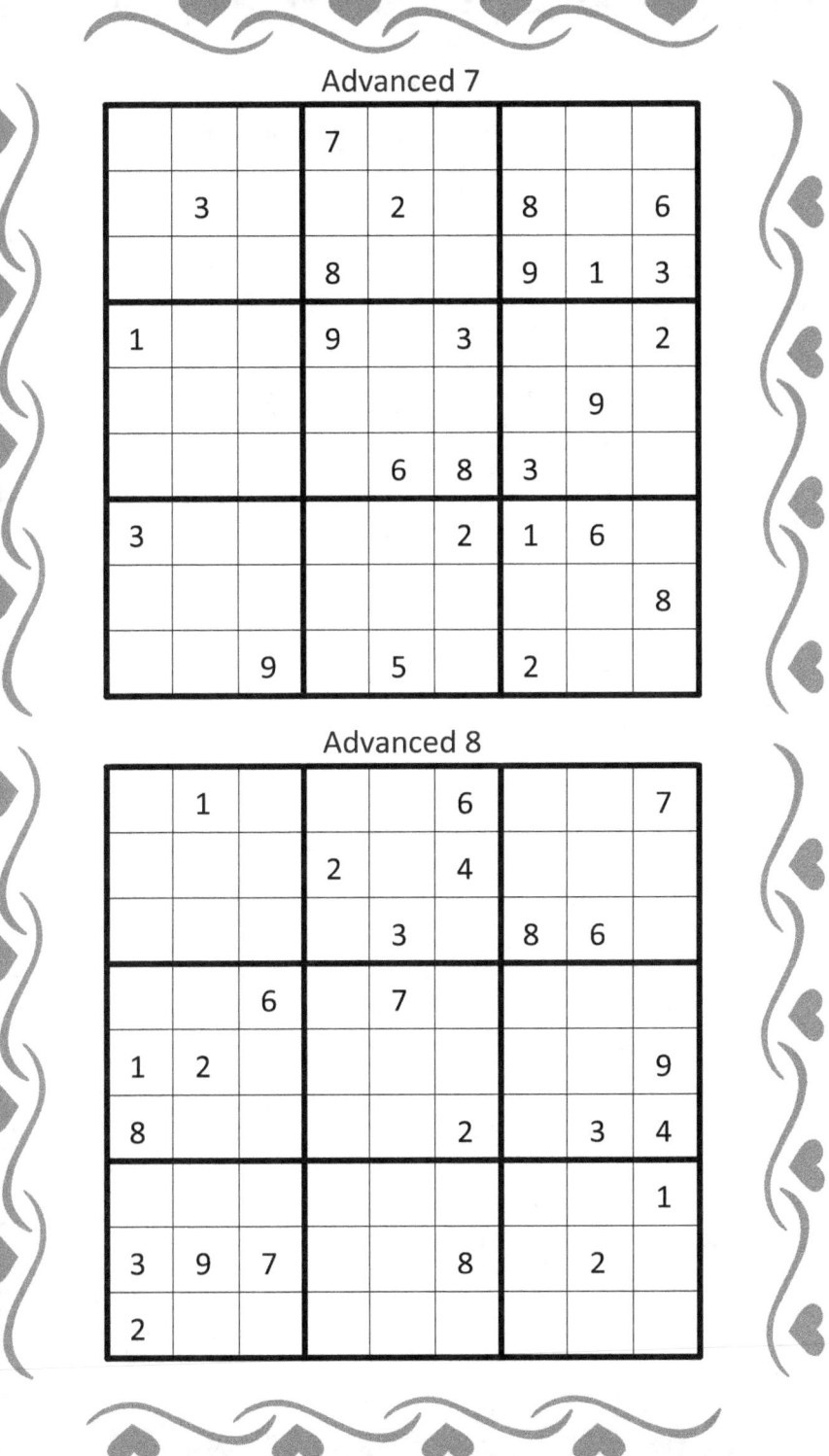

			7					
	3			2		8		6
			8			9	1	3
1			9		3			2
							9	
				6	8	3		
3					2	1	6	
								8
		9		5		2		

Advanced 8

	1				6			7
			2		4			
				3		8	6	
		6		7				
1	2							9
8					2		3	4
								1
3	9	7			8		2	
2								

Advanced 9

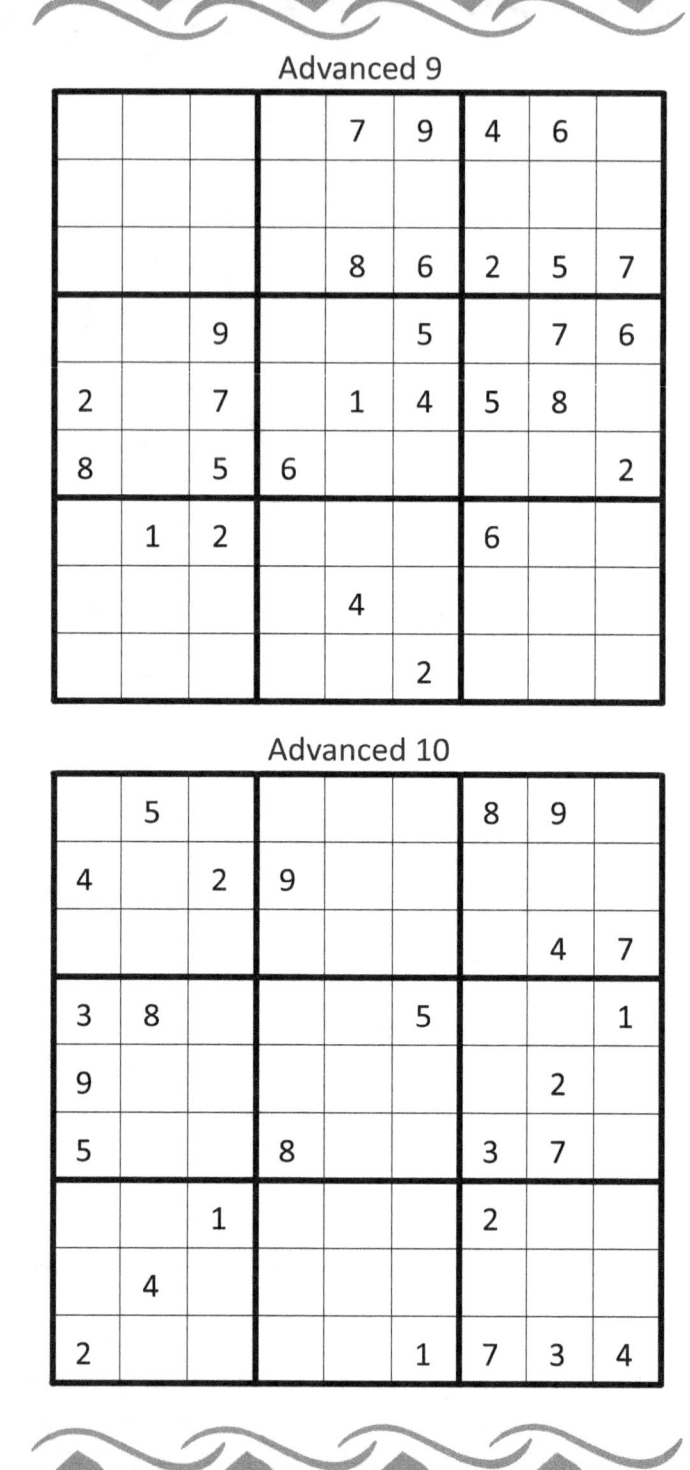

				7	9	4	6	
				8	6	2	5	7
		9			5		7	6
2		7		1	4	5	8	
8		5	6					2
	1	2				6		
				4				
					2			

Advanced 10

	5					8	9	
4		2	9					
							4	7
3	8				5			1
9							2	
5			8			3	7	
		1				2		
	4							
2					1	7	3	4

Advanced 11

				6				
		5		3				
6	2		8			3		
8	9		3			6	4	
			7	5			3	
3						8		
		8				2		
	4					7		
9	6			4				

Advanced 12

				8				2
				5		4	8	
	6							
		4				5		
	3		2				4	
	9			7	5	6	2	
9					3			
2				4				
		5			8	9	7	

Advanced 13

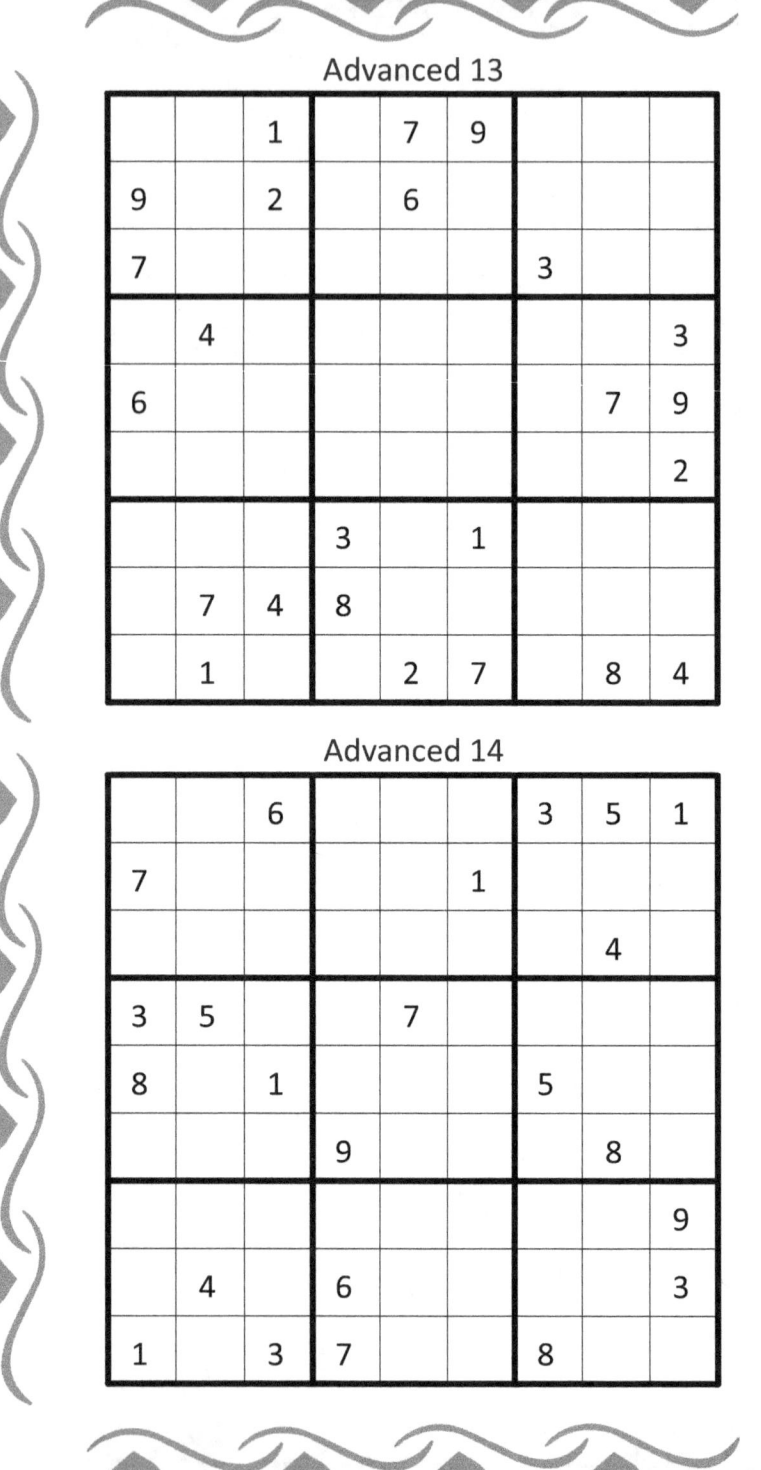

		1		7	9			
9		2		6				
7						3		
	4							3
6							7	9
								2
			3		1			
	7	4	8					
	1			2	7		8	4

Advanced 14

		6				3	5	1
7					1			
							4	
3	5			7				
8		1				5		
			9				8	
								9
	4		6					3
1		3	7			8		

Advanced 15

		4		8			5	
2			1					4
	6	7			2	1		
9			6		8	5		
	2				9			
							6	
		2		5				
1	4		8	7				
8		5		9	4			

Advanced 16

	8	5	4					2
		4		1			9	
3	9		5			6	8	
				8				1
							5	
1			6					3
	6						3	
		8			2	5		
	3		8				2	

Advanced 17

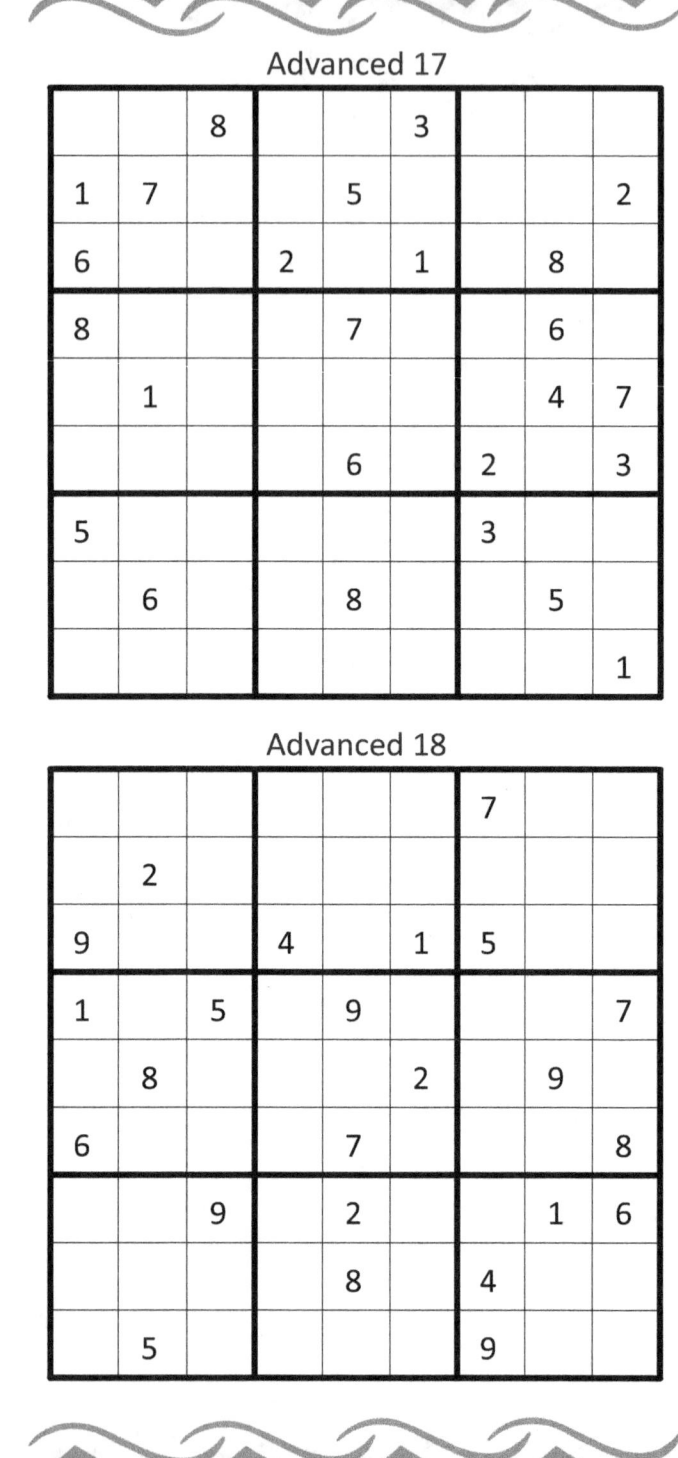

Advanced 18

Advanced 19

						2	5	
	8	5				1		
2		1	9					
7		9						
	4	2						
	1						4	8
	3			7			8	
1					3			
5			2		4	9		1

Advanced 20

		1			9	5	6	2
9		4	5	8				1
7								
4			1		6			7
		6	7			2		
8	1							4
	9	8	2		7			
				6				

Advanced 21

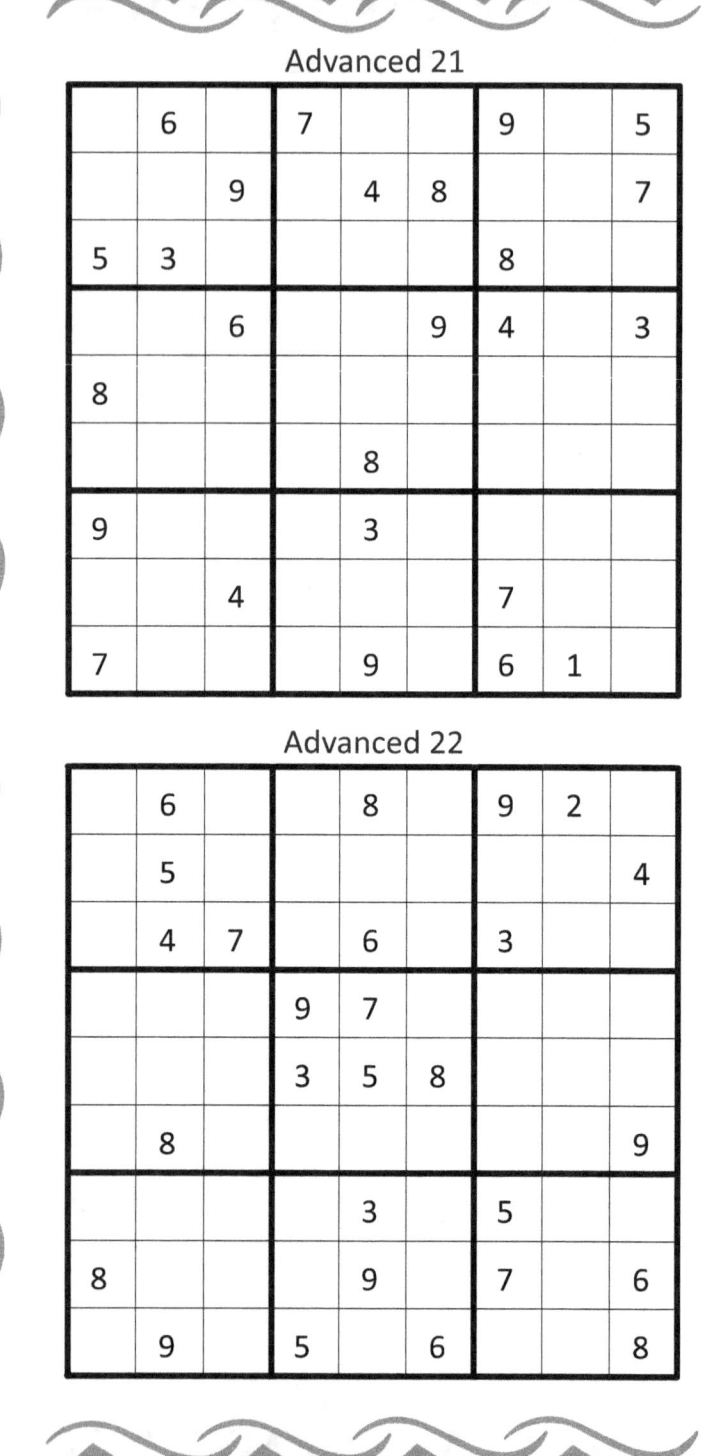

	6		7			9		5
		9		4	8			7
5	3					8		
		6			9	4		3
8								
				8				
9				3				
		4				7		
7				9		6	1	

Advanced 22

	6			8		9	2	
	5							4
	4	7		6		3		
			9	7				
			3	5	8			
	8							9
				3		5		
8				9		7		6
	9		5		6			8

Advanced 23

2			8					7
				4				
4	7				3		5	8
	5			9			2	4
					4			3
			9	8		3		
7	3				1		8	
		9	3		5		7	2

Advanced 24

3	2	8					6	
			9				2	
	5					1	8	
				1	9			
						6		2
	3	2	5			8		
				9	5			
			1			7		3
1				8				

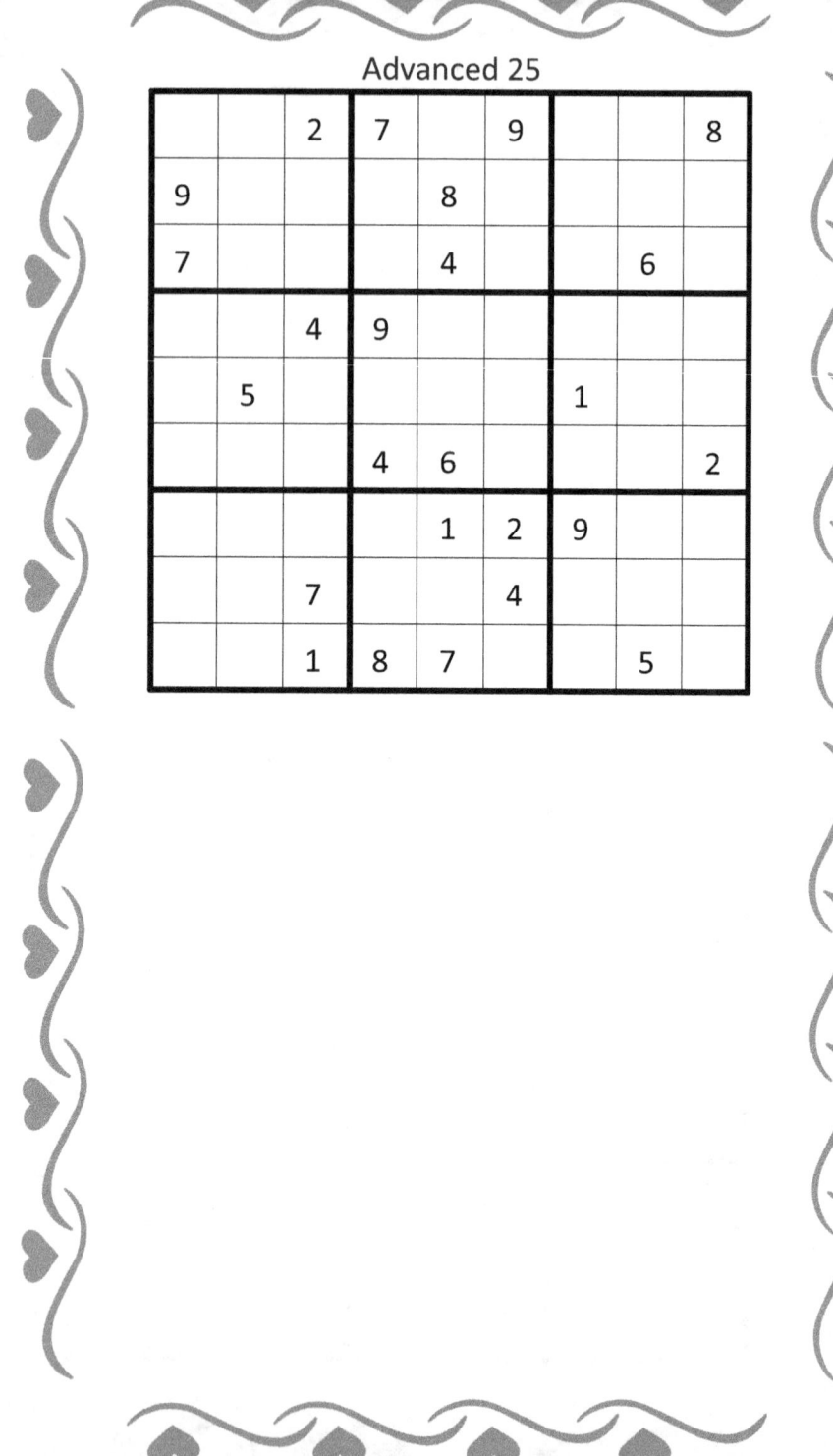

		2	7		9			8
9				8				
7				4			6	
		4	9					
	5					1		
			4	6				2
				1	2	9		
		7			4			
		1	8	7			5	

Expert

Expert 1

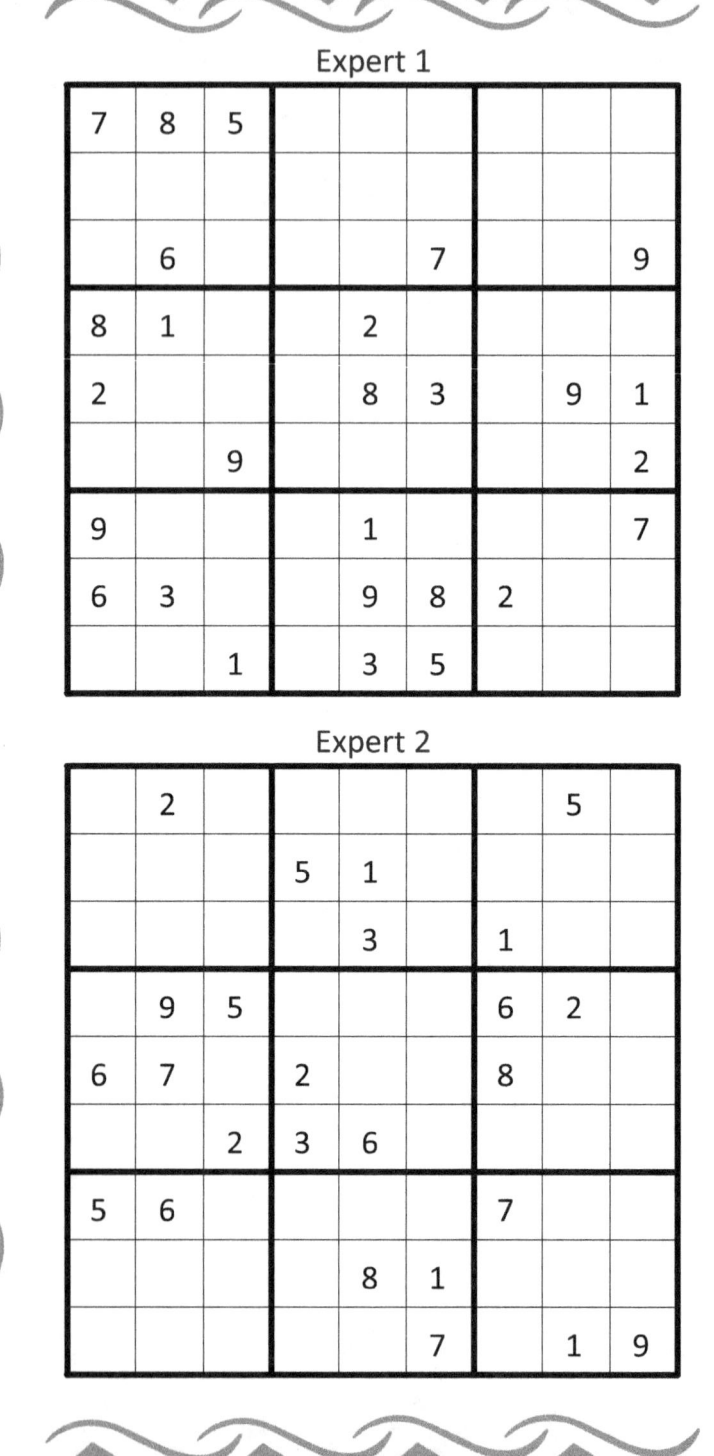

7	8	5						
	6				7			9
8	1			2				
2				8	3		9	1
		9						2
9				1				7
6	3			9	8	2		
		1		3	5			

Expert 2

	2						5	
			5	1				
				3		1		
	9	5				6	2	
6	7		2			8		
		2	3	6				
5	6					7		
				8	1			
					7		1	9

Expert 3

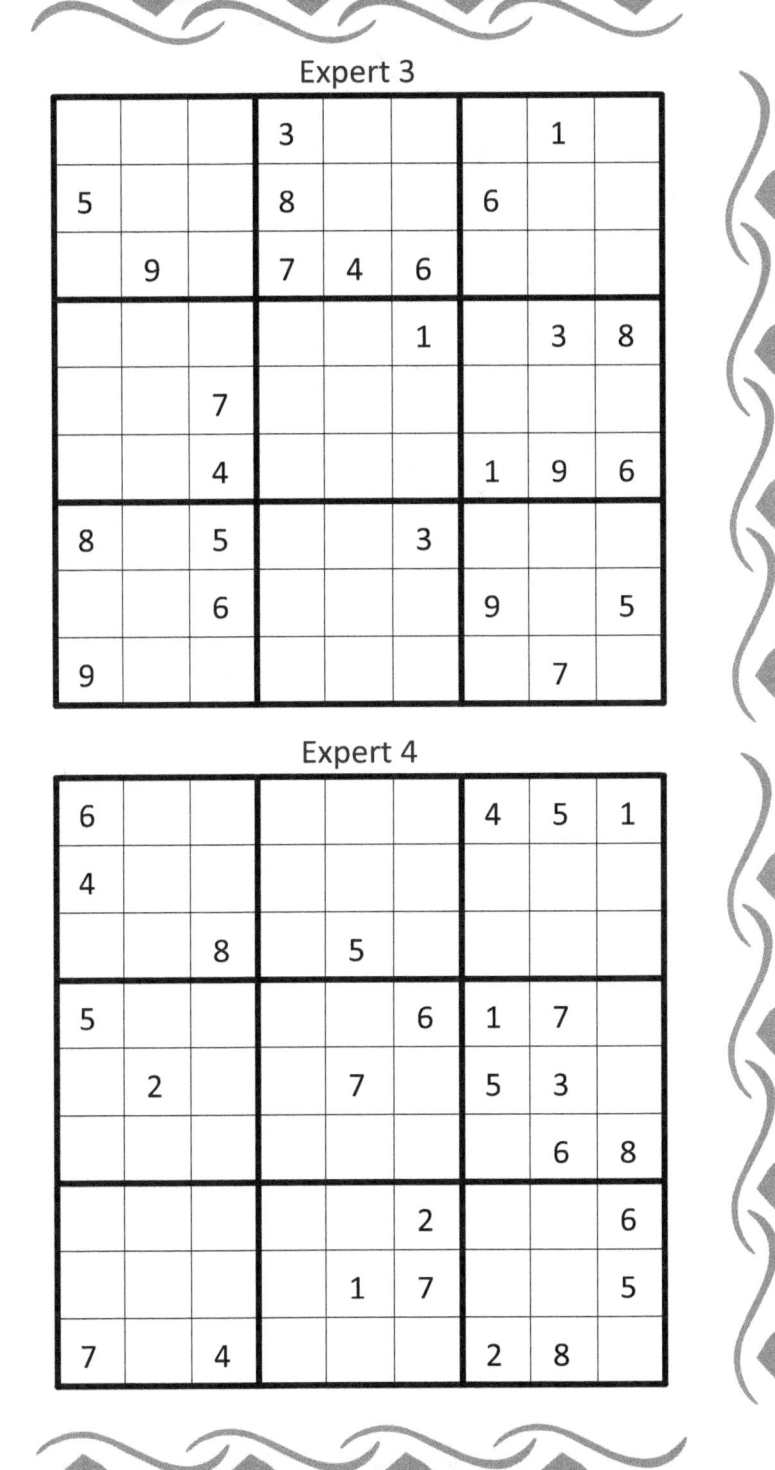

			3				1	
5			8			6		
	9		7	4	6			
					1		3	8
		7						
		4				1	9	6
8		5			3			
		6				9		5
9							7	

Expert 4

6						4	5	1
4								
		8		5				
5					6	1	7	
	2			7		5	3	
							6	8
					2			6
				1	7			5
7		4				2	8	

Expert 5

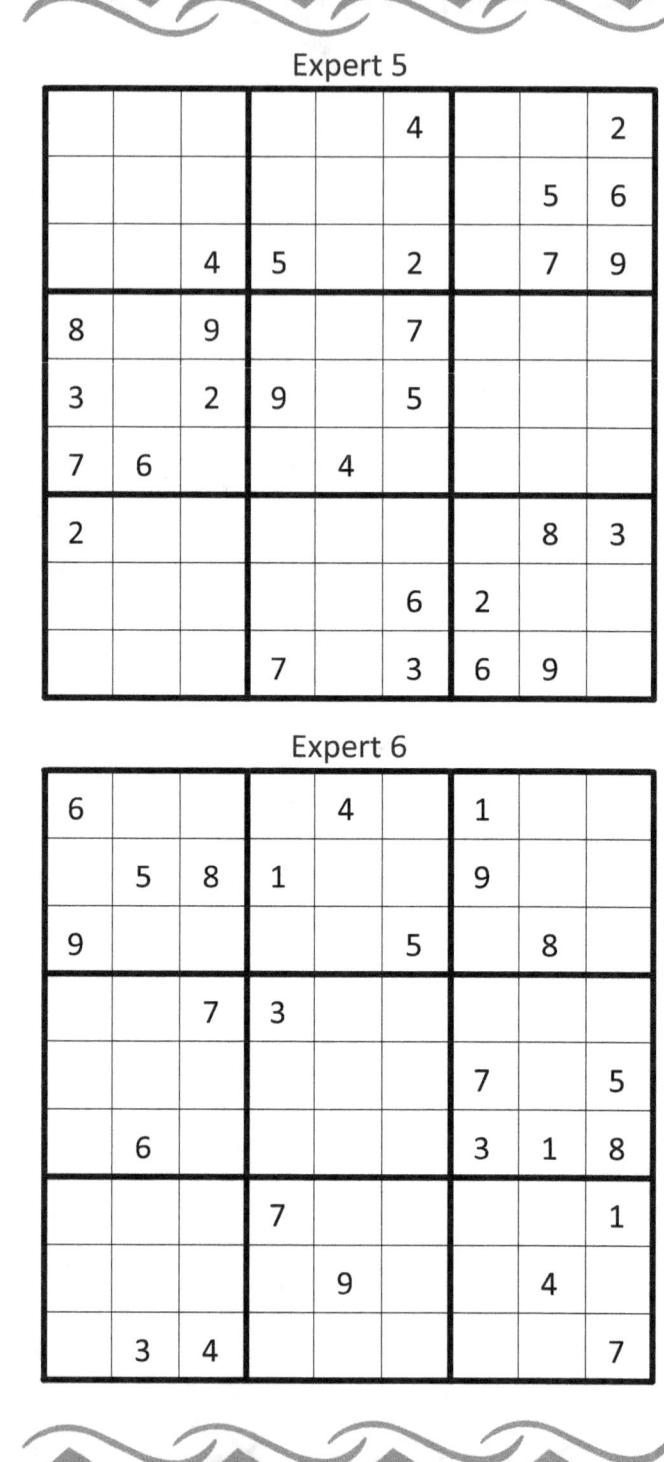

Expert 6

Expert 7

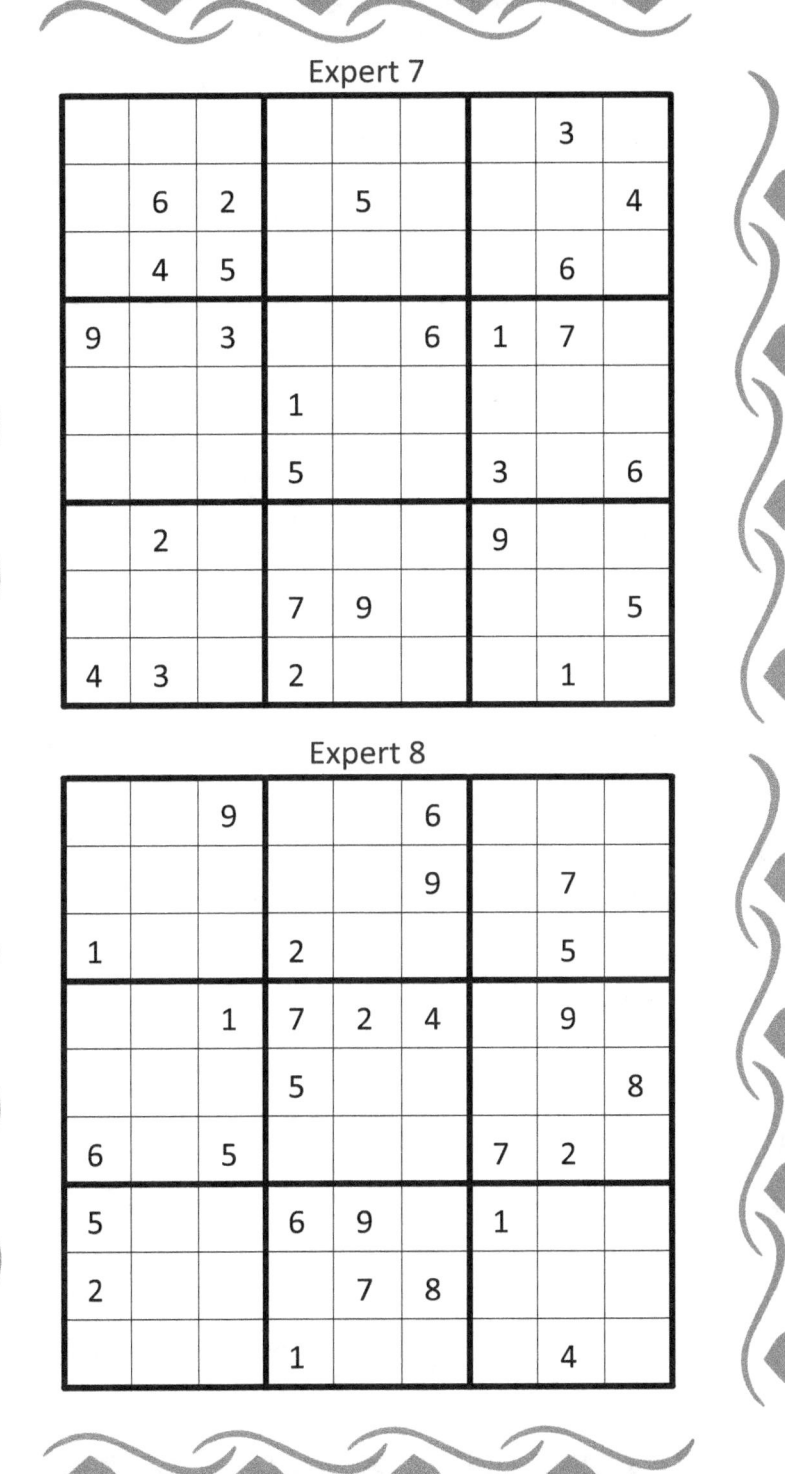

							3	
	6	2		5				4
	4	5					6	
9		3			6	1	7	
			1					
			5			3		6
	2					9		
			7	9				5
4	3		2				1	

Expert 8

		9			6			
					9		7	
1			2				5	
		1	7	2	4		9	
			5					8
6		5				7	2	
5			6	9		1		
2				7	8			
			1				4	

Expert 9

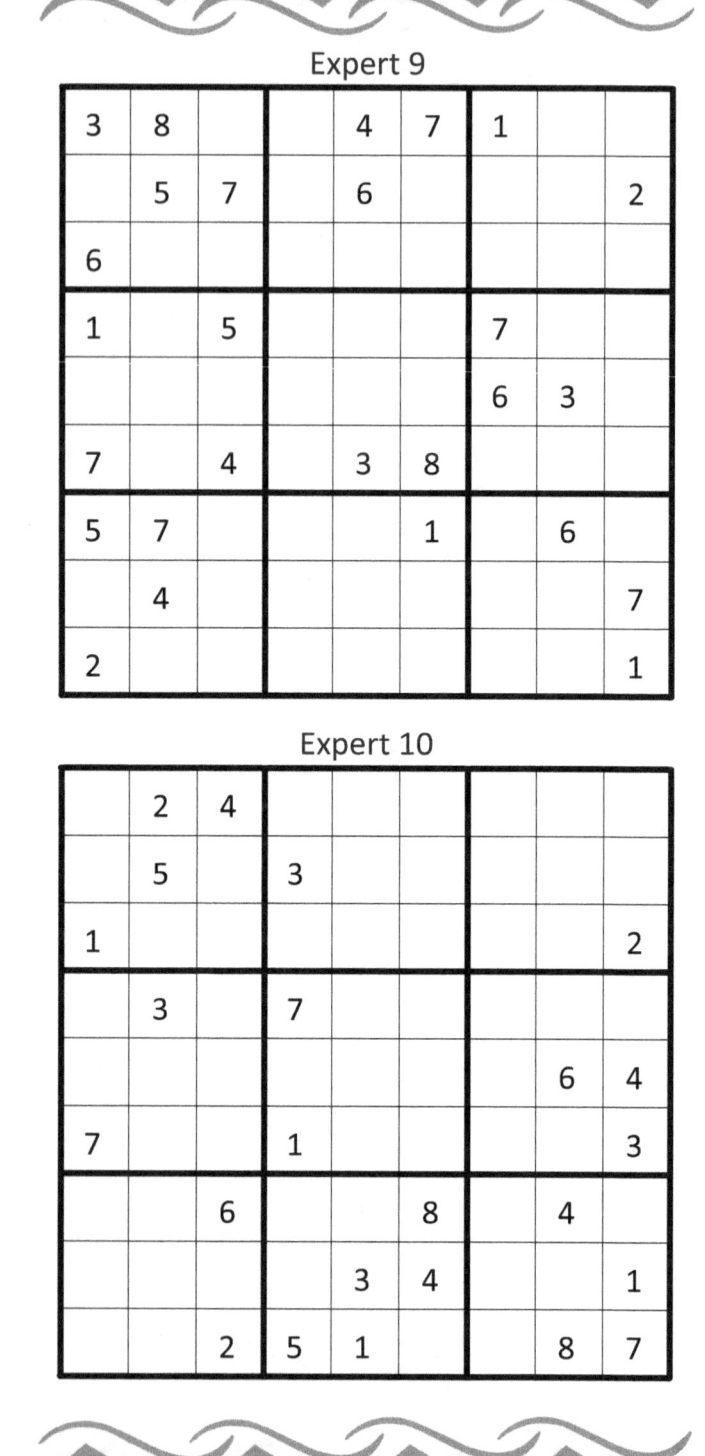

3	8			4	7	1		
	5	7		6				2
6								
1		5				7		
						6	3	
7		4		3	8			
5	7				1		6	
	4							7
2								1

Expert 10

9	2	4						
	5		3					
1								2
	3		7					
							6	4
7			1					3
		6			8		4	
				3	4			1
		2	5	1			8	7

Expert 11

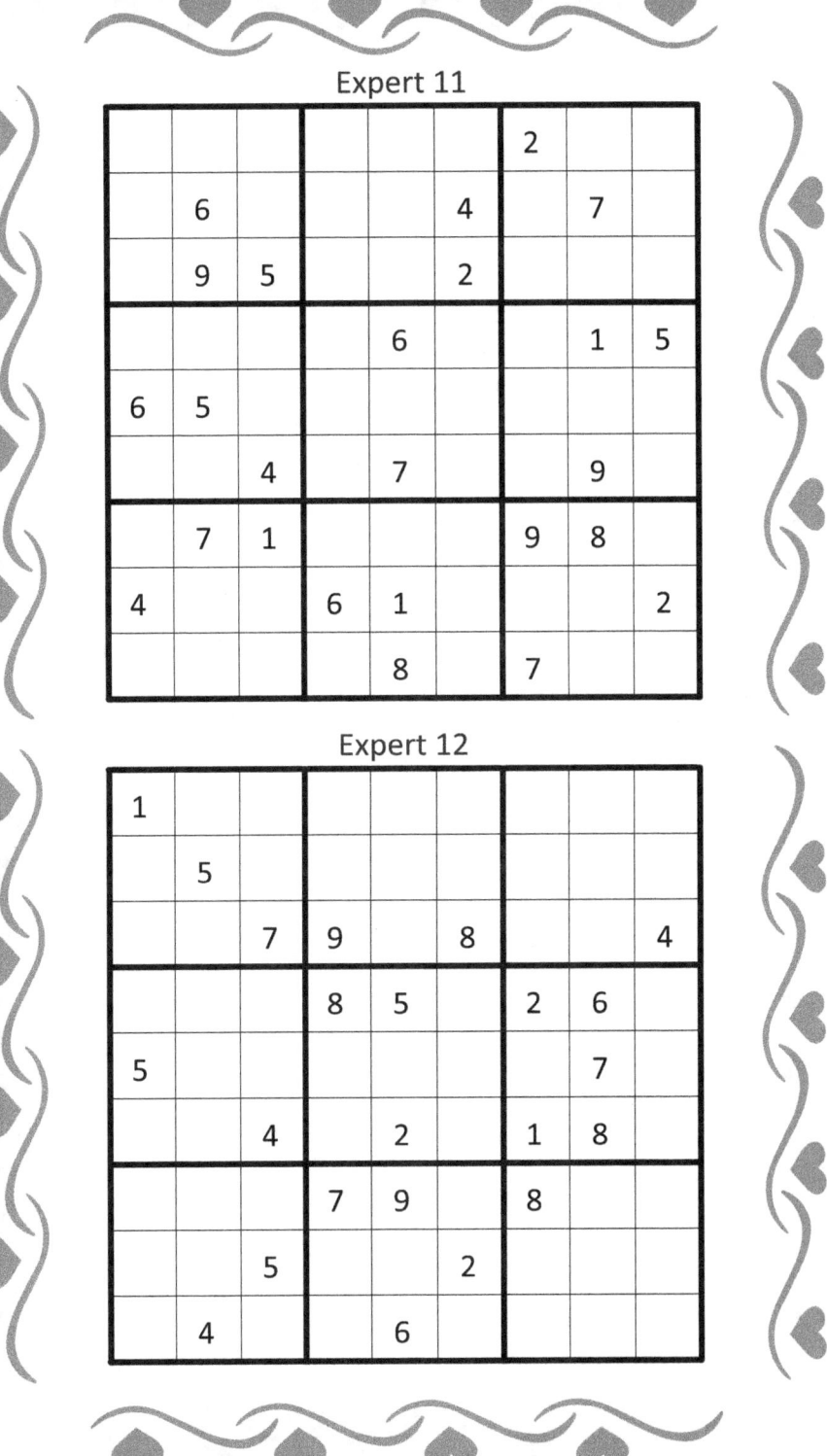

						2		
	6				4		7	
	9	5			2			
				6			1	5
6	5							
		4		7			9	
	7	1				9	8	
4			6	1				2
				8		7		

Expert 12

1								
	5							
		7	9		8			4
			8	5		2	6	
5							7	
		4		2		1	8	
			7	9		8		
		5			2			
	4			6				

Expert 13

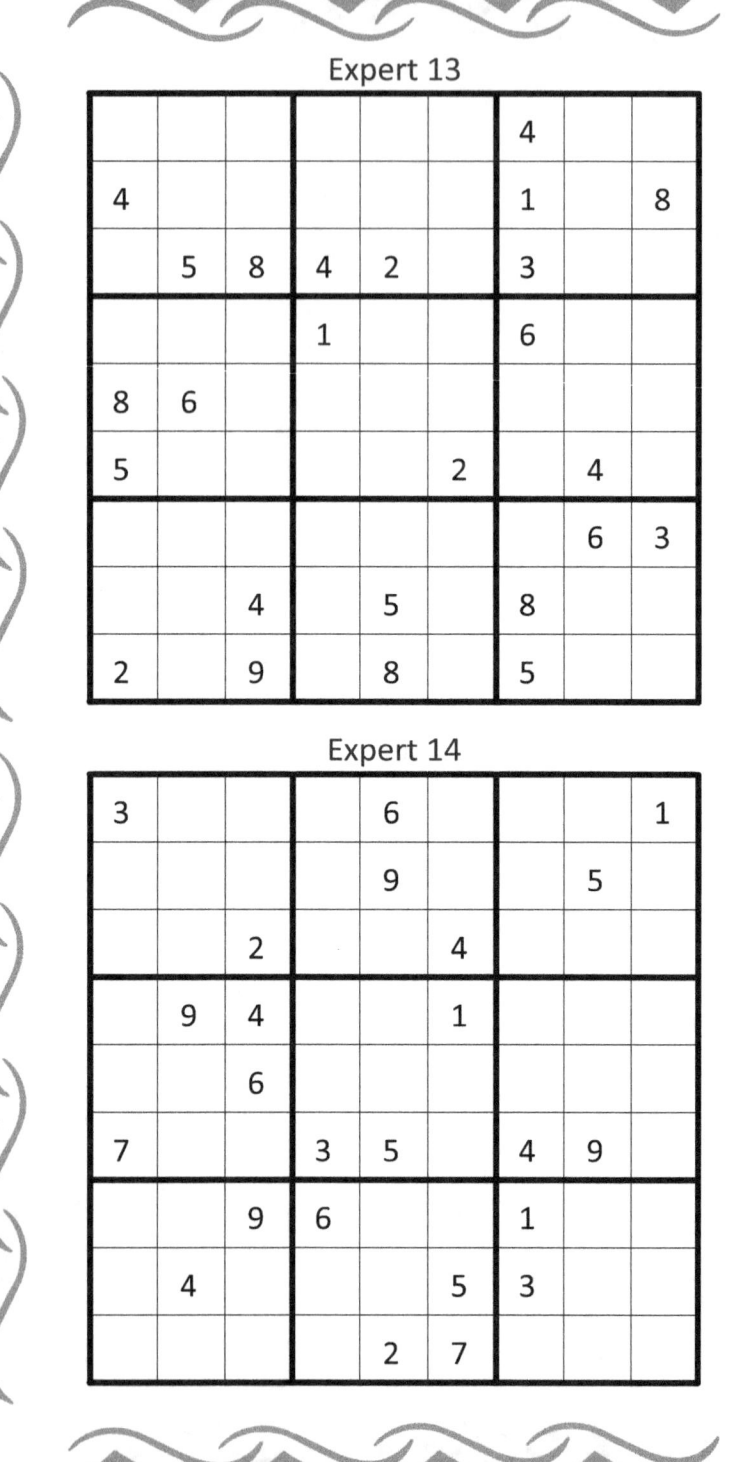

						4		
4						1		8
	5	8	4	2		3		
			1			6		
8	6							
5					2		4	
							6	3
		4		5		8		
2		9		8		5		

Expert 14

3				6				1
				9			5	
		2			4			
	9	4			1			
		6						
7			3	5		4	9	
		9	6			1		
	4				5	3		
				2	7			

Expert 15

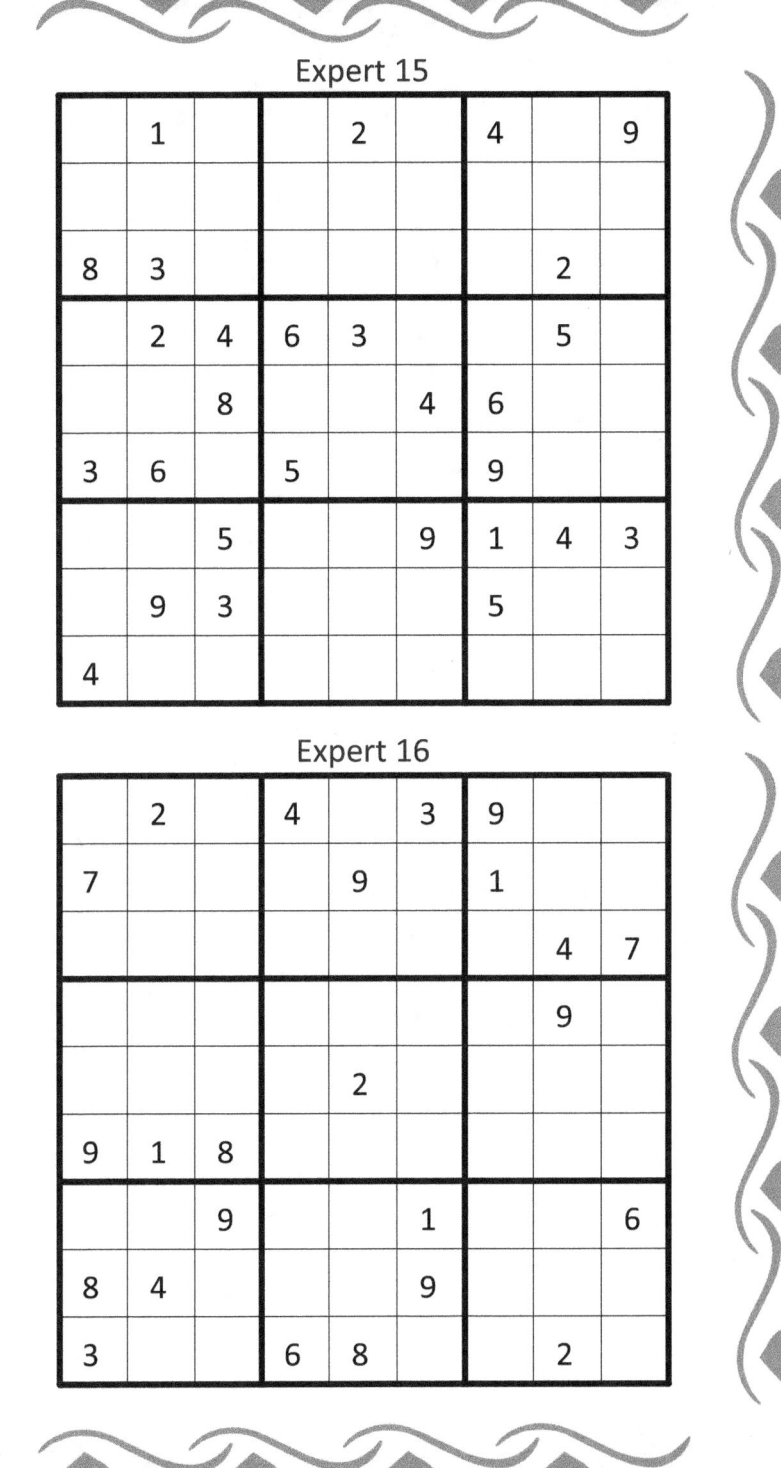

	1			2		4		9
8	3						2	
	2	4	6	3			5	
		8			4	6		
3	6		5			9		
		5			9	1	4	3
	9	3				5		
4								

Expert 16

	2		4		3	9		
7				9		1		
							4	7
							9	
				2				
9	1	8						
		9			1			6
8	4				9			
3			6	8			2	

Expert 17

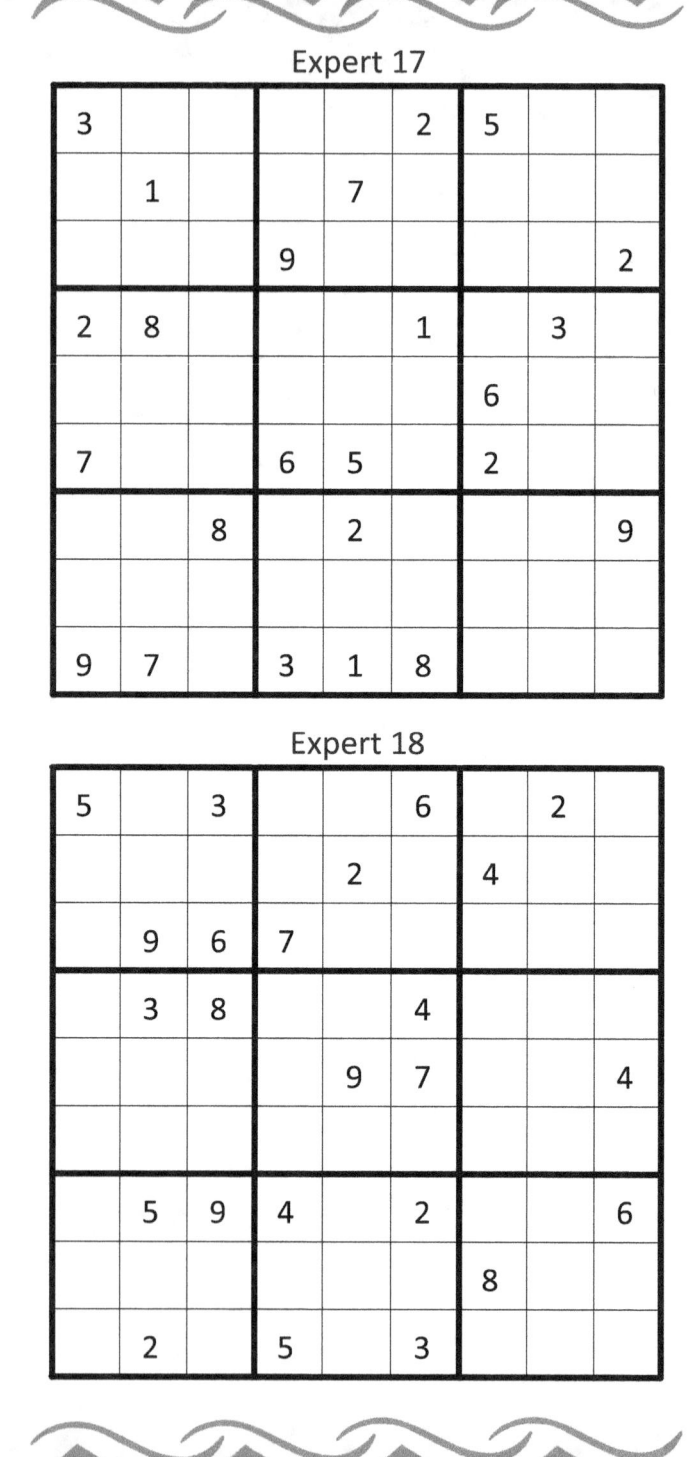

3					2	5		
	1			7				
			9					2
2	8				1		3	
						6		
7			6	5		2		
		8		2				9
9	7		3	1	8			

Expert 18

5		3			6		2	
				2		4		
	9	6	7					
	3	8			4			
			9	7				4
	5	9	4		2			6
						8		
	2		5		3			

Expert 19

	8		3		2			
3		1		6				
	6	9	8	4				
8					6	4		
	3							2
4			5					
1					3		8	
	9		2			5		6
							3	9

Expert 20

9		5			2		7	
		1						
			5	1		2	4	
7	8	9		5			1	3
2				7	1			
			8					
4								
	9			3			8	
8	1		4	2			9	

Expert 21

6			8		4			
			5	1				8
	3						5	
		4		9			1	6
							3	
3	7				6			
					8			5
	9	8	1	3				
			4		9			

Expert 22

3	2		1					
7		8	5			6		
	5		9					
1					2		8	
8	7					5		2
2	1		7	3		8	5	
		3	2					6
9						1		

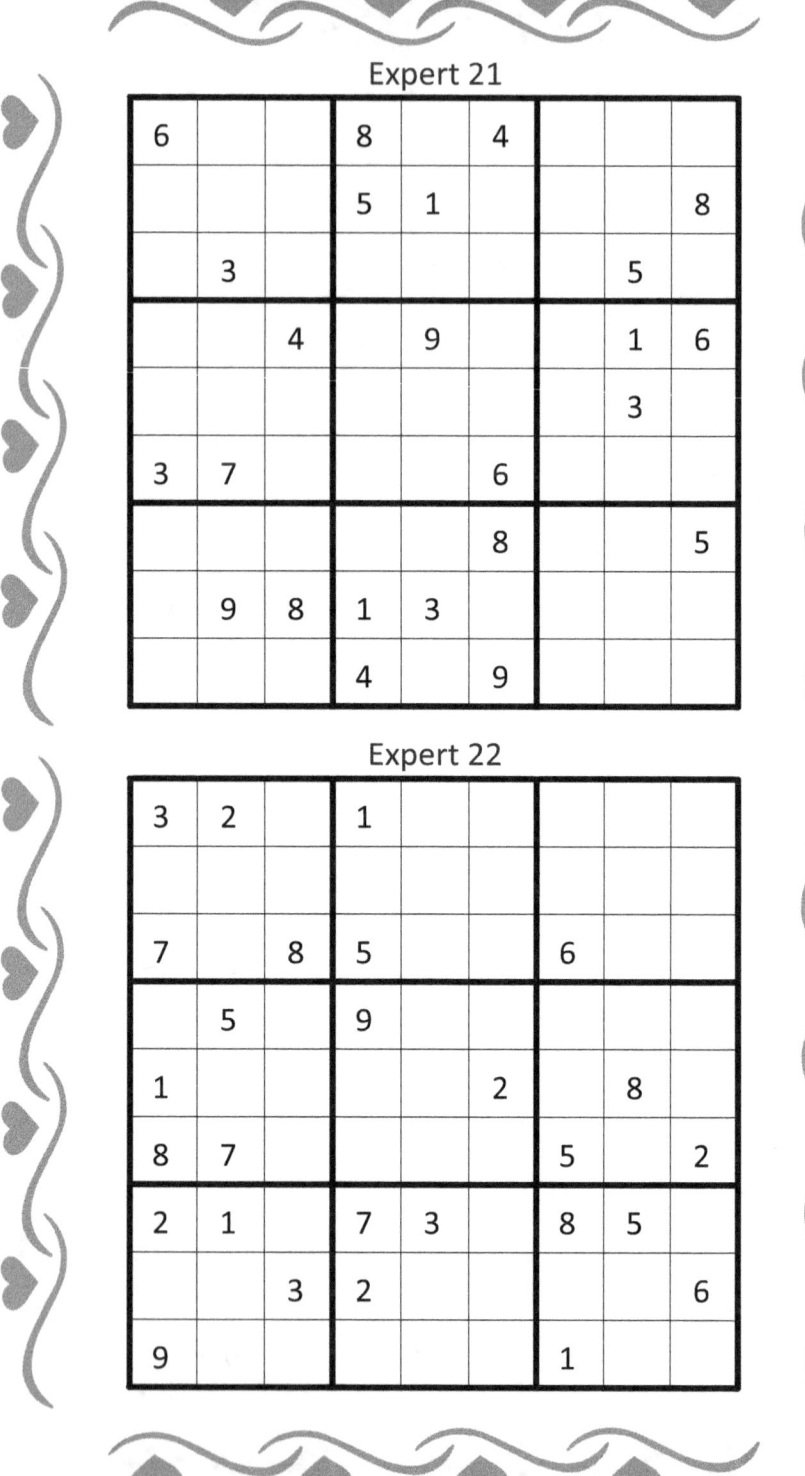

Expert 23

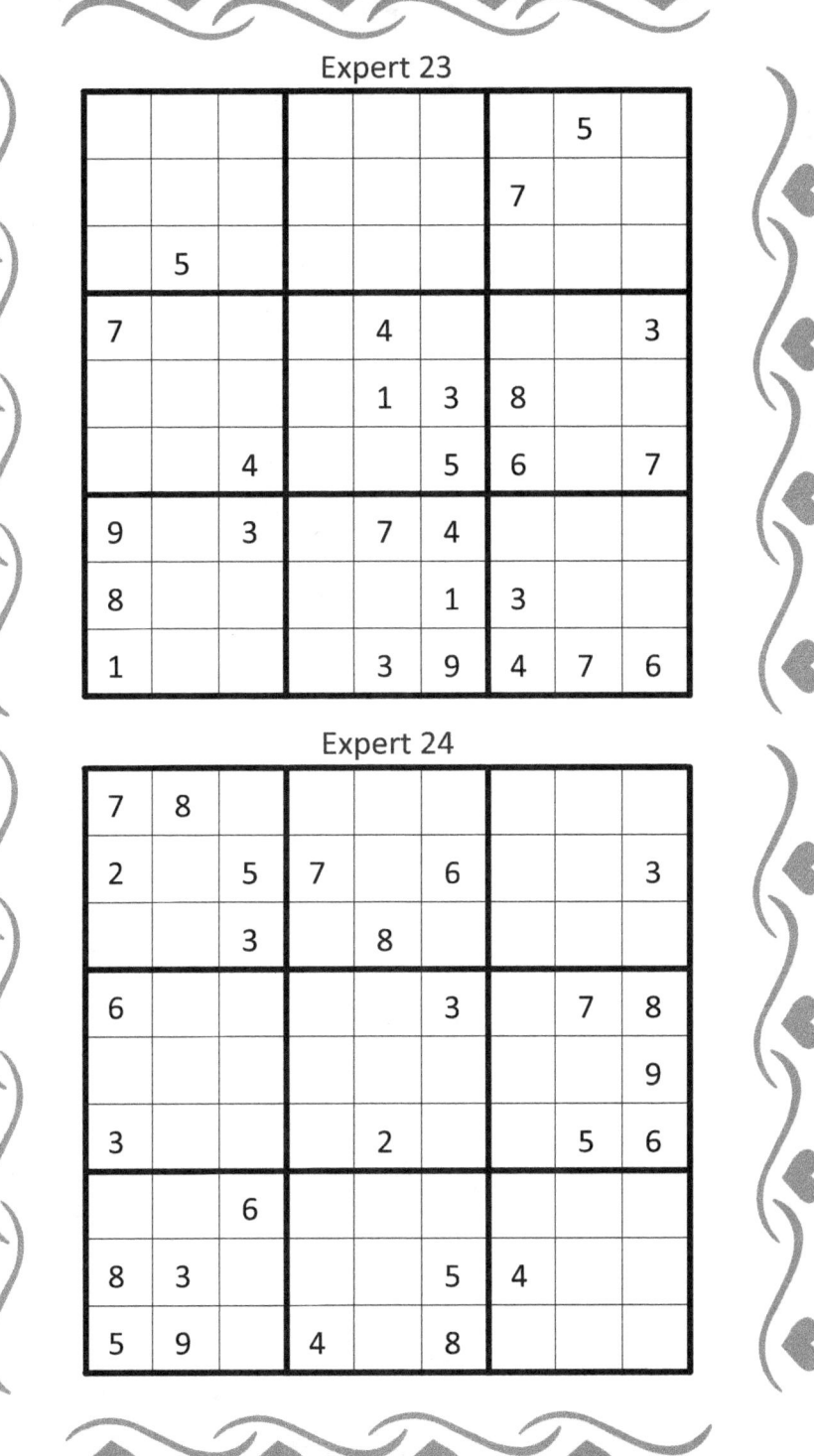

Expert 24

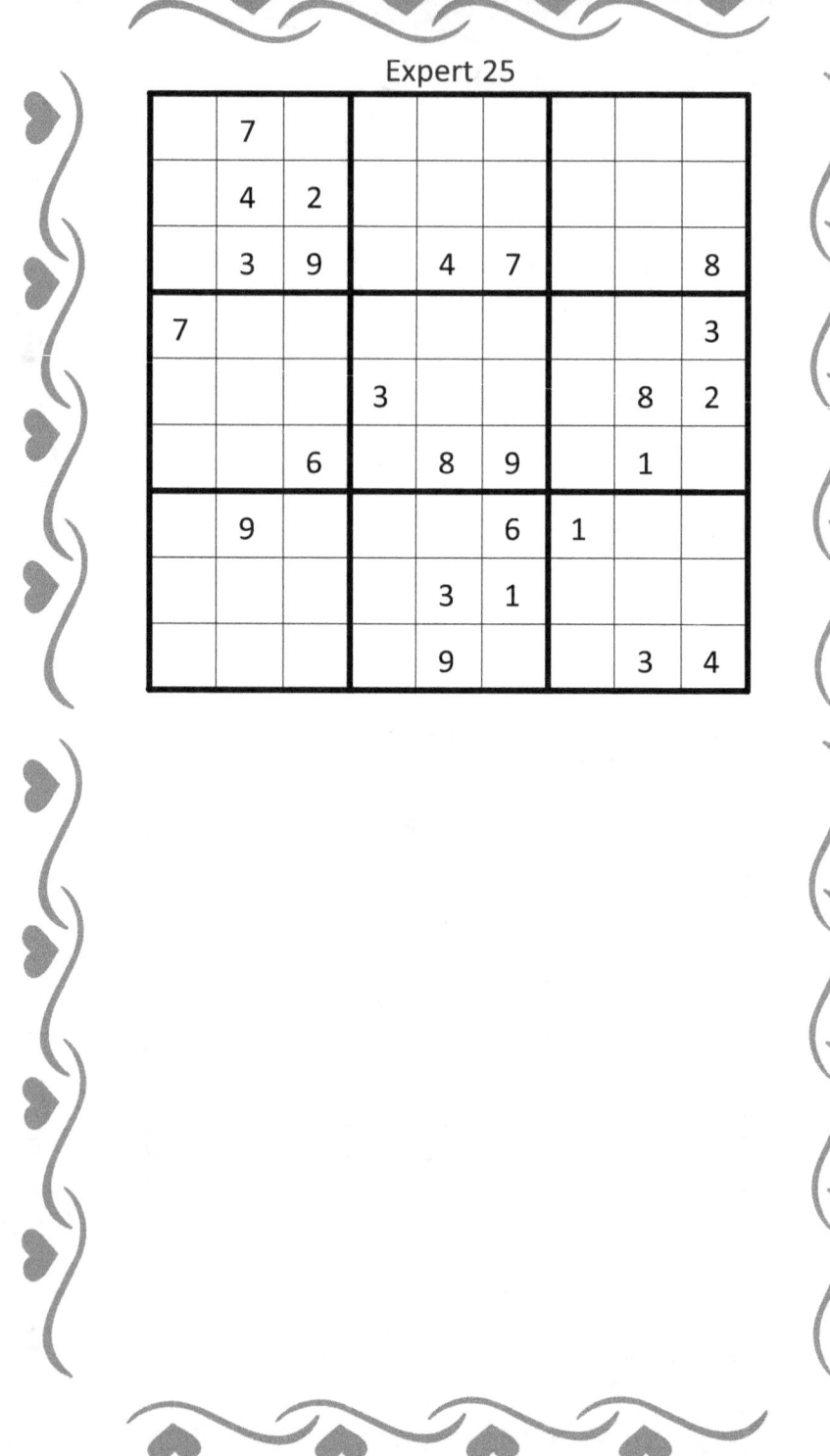

Solutions

Easy 1

5	1	8	4	3	7	6	9	2
9	6	7	1	5	2	8	3	4
2	4	3	9	6	8	5	1	7
3	8	5	6	7	1	2	4	9
4	2	1	3	8	9	7	6	5
7	9	6	2	4	5	3	8	1
1	7	2	8	9	6	4	5	3
8	5	4	7	1	3	9	2	6
6	3	9	5	2	4	1	7	8

Easy 2

7	5	1	2	4	9	3	8	6
8	4	3	7	5	6	1	2	9
9	6	2	3	1	8	5	4	7
6	1	8	5	2	7	9	3	4
4	3	7	9	8	1	6	5	2
2	9	5	6	3	4	7	1	8
3	7	4	1	6	2	8	9	5
1	2	6	8	9	5	4	7	3
5	8	9	4	7	3	2	6	1

Easy 3

3	9	2	4	7	8	6	5	1
6	5	7	1	2	3	4	8	9
8	1	4	5	9	6	2	3	7
5	2	8	6	1	9	7	4	3
4	6	9	8	3	7	5	1	2
1	7	3	2	4	5	8	9	6
7	8	1	9	5	2	3	6	4
2	4	6	3	8	1	9	7	5
9	3	5	7	6	4	1	2	8

Easy 4

9	3	2	6	5	1	7	8	4
1	6	8	2	7	4	9	5	3
4	5	7	8	3	9	6	1	2
5	1	9	3	4	6	8	2	7
7	4	3	9	2	8	5	6	1
2	8	6	5	1	7	3	4	9
6	2	1	7	9	5	4	3	8
8	7	4	1	6	3	2	9	5
3	9	5	4	8	2	1	7	6

Easy 5

9	8	3	6	1	2	4	7	5
1	5	4	7	3	8	9	2	6
6	7	2	4	9	5	8	3	1
2	1	7	3	8	6	5	9	4
3	4	8	9	5	7	6	1	2
5	6	9	2	4	1	7	8	3
7	2	1	8	6	4	3	5	9
8	9	6	5	2	3	1	4	7
4	3	5	1	7	9	2	6	8

Easy 6

3	8	9	4	2	7	6	1	5
5	4	6	8	1	3	9	7	2
2	7	1	9	6	5	3	4	8
4	6	5	2	8	1	7	3	9
9	3	8	7	5	6	4	2	1
7	1	2	3	9	4	8	5	6
8	5	3	1	7	9	2	6	4
1	9	7	6	4	2	5	8	3
6	2	4	5	3	8	1	9	7

Easy 7

6	5	7	8	2	3	1	4	9
1	2	3	5	4	9	6	8	7
8	4	9	7	6	1	5	3	2
3	9	5	6	1	7	8	2	4
7	1	6	2	8	4	9	5	3
4	8	2	9	3	5	7	6	1
2	7	1	4	5	6	3	9	8
9	6	4	3	7	8	2	1	5
5	3	8	1	9	2	4	7	6

Easy 8

4	8	1	5	3	2	9	7	6
7	5	6	9	8	1	3	4	2
2	3	9	4	6	7	5	1	8
8	9	5	1	7	6	4	2	3
6	4	7	2	5	3	1	8	9
1	2	3	8	9	4	7	6	5
5	1	4	3	2	8	6	9	7
9	7	2	6	1	5	8	3	4
3	6	8	7	4	9	2	5	1

Easy 9

2	4	7	9	6	1	8	5	3
9	6	1	5	3	8	2	4	7
3	5	8	4	2	7	9	6	1
1	3	6	8	7	2	4	9	5
8	9	5	6	1	4	3	7	2
7	2	4	3	5	9	6	1	8
5	8	3	7	4	6	1	2	9
6	7	2	1	9	3	5	8	4
4	1	9	2	8	5	7	3	6

Easy 10

9	7	3	5	2	6	4	8	1
1	8	2	7	4	3	5	9	6
5	6	4	1	9	8	7	2	3
6	5	9	3	8	4	2	1	7
4	3	1	6	7	2	8	5	9
7	2	8	9	5	1	6	3	4
2	9	7	4	1	5	3	6	8
3	4	5	8	6	9	1	7	2
8	1	6	2	3	7	9	4	5

Easy 11

4	3	2	6	5	9	1	7	8
8	7	1	4	3	2	9	5	6
6	5	9	7	8	1	4	3	2
9	4	7	5	6	8	2	1	3
1	6	8	2	4	3	7	9	5
3	2	5	1	9	7	6	8	4
5	1	6	3	7	4	8	2	9
7	8	4	9	2	5	3	6	1
2	9	3	8	1	6	5	4	7

Easy 12

6	7	5	8	2	3	4	9	1
4	3	2	1	6	9	5	7	8
8	1	9	7	4	5	6	3	2
7	4	6	5	1	8	9	2	3
1	9	3	4	7	2	8	5	6
2	5	8	3	9	6	1	4	7
5	8	4	2	3	1	7	6	9
3	6	1	9	5	7	2	8	4
9	2	7	6	8	4	3	1	5

Easy 13

5	7	2	1	4	8	9	6	3
8	6	4	5	3	9	7	1	2
9	3	1	2	6	7	4	8	5
7	4	9	6	1	3	2	5	8
2	1	6	9	8	5	3	7	4
3	8	5	7	2	4	6	9	1
1	5	7	4	9	2	8	3	6
4	9	3	8	5	6	1	2	7
6	2	8	3	7	1	5	4	9

Easy 14

2	5	9	3	1	6	8	4	7
3	1	8	4	7	2	6	9	5
7	4	6	9	5	8	2	3	1
5	3	2	8	6	7	9	1	4
4	8	1	2	3	9	5	7	6
9	6	7	1	4	5	3	2	8
6	9	4	7	8	3	1	5	2
1	2	5	6	9	4	7	8	3
8	7	3	5	2	1	4	6	9

Easy 15

4	2	8	5	3	6	9	1	7
7	1	9	2	4	8	6	5	3
5	6	3	9	7	1	8	4	2
3	7	6	8	1	2	5	9	4
9	5	2	7	6	4	1	3	8
8	4	1	3	9	5	2	7	6
1	9	4	6	2	7	3	8	5
6	8	7	1	5	3	4	2	9
2	3	5	4	8	9	7	6	1

Easy 16

8	7	2	6	4	5	3	1	9
3	6	5	1	9	8	2	4	7
4	9	1	7	3	2	5	6	8
1	8	4	9	2	3	6	7	5
6	5	7	8	1	4	9	2	3
2	3	9	5	6	7	1	8	4
7	2	8	3	5	1	4	9	6
9	1	3	4	7	6	8	5	2
5	4	6	2	8	9	7	3	1

Easy 17

4	5	3	2	1	9	6	7	8
7	9	2	8	4	6	3	5	1
6	8	1	7	5	3	9	2	4
3	4	9	1	2	7	8	6	5
5	2	8	9	6	4	1	3	7
1	6	7	5	3	8	4	9	2
9	1	5	3	8	2	7	4	6
8	3	4	6	7	5	2	1	9
2	7	6	4	9	1	5	8	3

Easy 18

9	1	6	4	5	3	8	2	7
7	8	3	6	2	1	5	4	9
4	5	2	7	9	8	3	6	1
3	6	5	9	1	2	4	7	8
1	7	8	3	4	6	2	9	5
2	4	9	8	7	5	1	3	6
6	3	7	5	8	4	9	1	2
8	2	4	1	6	9	7	5	3
5	9	1	2	3	7	6	8	4

Easy 19

6	2	1	8	4	3	7	5	9
3	7	8	9	5	2	1	4	6
4	9	5	7	1	6	3	8	2
1	4	6	5	9	7	2	3	8
2	5	7	6	3	8	9	1	4
8	3	9	4	2	1	5	6	7
7	1	2	3	6	4	8	9	5
9	8	4	1	7	5	6	2	3
5	6	3	2	8	9	4	7	1

Easy 20

5	7	1	2	8	6	3	4	9
3	4	6	5	9	7	2	1	8
9	2	8	4	3	1	7	6	5
7	5	3	8	6	4	1	9	2
8	1	9	3	7	2	4	5	6
2	6	4	9	1	5	8	7	3
4	9	5	7	2	3	6	8	1
1	3	7	6	5	8	9	2	4
6	8	2	1	4	9	5	3	7

Easy 21

9	7	8	4	2	3	5	1	6
5	3	1	9	6	8	2	4	7
4	2	6	5	7	1	9	3	8
3	5	7	2	1	9	6	8	4
2	1	4	8	5	6	7	9	3
6	8	9	3	4	7	1	5	2
7	9	3	6	8	5	4	2	1
8	6	2	1	9	4	3	7	5
1	4	5	7	3	2	8	6	9

Easy 22

6	7	2	1	3	9	5	4	8
3	1	4	5	6	8	9	2	7
5	8	9	7	4	2	6	3	1
7	5	3	2	9	1	4	8	6
1	2	8	4	5	6	3	7	9
4	9	6	8	7	3	1	5	2
2	3	1	9	8	4	7	6	5
8	4	5	6	1	7	2	9	3
9	6	7	3	2	5	8	1	4

Easy 23

7	9	1	8	3	5	2	6	4
5	6	4	9	7	2	1	8	3
3	2	8	6	1	4	5	9	7
4	7	2	3	6	9	8	1	5
6	8	3	2	5	1	7	4	9
1	5	9	7	4	8	3	2	6
8	4	5	1	9	3	6	7	2
2	3	6	4	8	7	9	5	1
9	1	7	5	2	6	4	3	8

Easy 24

1	6	3	8	4	5	7	9	2
4	9	5	7	3	2	6	8	1
7	2	8	6	1	9	4	3	5
9	8	1	4	5	6	2	7	3
3	4	2	1	9	7	5	6	8
6	5	7	3	2	8	9	1	4
2	1	6	9	8	4	3	5	7
5	3	9	2	7	1	8	4	6
8	7	4	5	6	3	1	2	9

Easy 25

5	7	9	4	2	3	8	1	6
4	1	8	9	7	6	2	3	5
2	6	3	5	1	8	7	9	4
1	4	6	7	3	5	9	8	2
8	5	2	6	9	1	3	4	7
3	9	7	8	4	2	5	6	1
9	3	4	2	6	7	1	5	8
6	2	5	1	8	9	4	7	3
7	8	1	3	5	4	6	2	9

Intermediate 1

3	8	7	6	1	9	4	5	2
6	1	4	2	5	7	9	8	3
5	2	9	3	4	8	1	6	7
4	6	2	8	9	3	7	1	5
9	7	8	1	2	5	6	3	4
1	5	3	7	6	4	8	2	9
8	9	6	4	3	2	5	7	1
7	3	5	9	8	1	2	4	6
2	4	1	5	7	6	3	9	8

Intermediate 2

4	8	2	1	9	7	3	6	5
9	1	3	6	8	5	7	4	2
6	5	7	3	4	2	1	9	8
2	7	1	4	6	8	5	3	9
8	6	4	9	5	3	2	1	7
5	3	9	7	2	1	6	8	4
3	9	5	2	1	4	8	7	6
7	2	6	8	3	9	4	5	1
1	4	8	5	7	6	9	2	3

Intermediate 3

3	1	9	7	6	5	4	2	8
8	6	7	2	4	3	9	1	5
4	5	2	9	1	8	6	3	7
1	8	6	3	5	7	2	9	4
7	4	3	6	2	9	8	5	1
9	2	5	4	8	1	3	7	6
6	7	1	8	3	2	5	4	9
2	9	4	5	7	6	1	8	3
5	3	8	1	9	4	7	6	2

Intermediate 4

8	4	5	3	9	7	6	2	1
7	3	2	8	6	1	5	4	9
6	1	9	2	4	5	7	8	3
1	8	3	7	5	6	2	9	4
4	2	6	9	1	8	3	7	5
5	9	7	4	2	3	1	6	8
3	6	8	1	7	4	9	5	2
2	5	4	6	3	9	8	1	7
9	7	1	5	8	2	4	3	6

Intermediate 5

6	1	4	2	5	3	8	9	7
3	2	5	8	7	9	1	6	4
8	9	7	1	6	4	5	2	3
4	5	8	6	9	7	3	1	2
9	7	2	3	8	1	4	5	6
1	3	6	5	4	2	7	8	9
2	6	3	7	1	8	9	4	5
7	8	9	4	2	5	6	3	1
5	4	1	9	3	6	2	7	8

Intermediate 6

3	5	1	2	8	7	9	6	4
9	4	8	6	3	1	7	5	2
7	2	6	9	4	5	3	8	1
4	1	9	5	6	2	8	7	3
8	3	5	7	9	4	1	2	6
2	6	7	8	1	3	4	9	5
5	9	3	1	2	8	6	4	7
6	7	4	3	5	9	2	1	8
1	8	2	4	7	6	5	3	9

Intermediate 7

6	8	3	7	4	5	1	2	9
5	9	2	8	1	3	7	4	6
4	7	1	9	2	6	5	3	8
8	5	4	2	3	1	9	6	7
2	1	9	6	7	8	4	5	3
7	3	6	5	9	4	2	8	1
1	4	8	3	5	7	6	9	2
9	6	7	4	8	2	3	1	5
3	2	5	1	6	9	8	7	4

Intermediate 8

4	7	3	2	9	1	8	6	5
6	5	8	4	3	7	1	9	2
2	1	9	8	5	6	3	4	7
9	4	6	1	7	2	5	8	3
1	8	7	5	6	3	9	2	4
5	3	2	9	4	8	7	1	6
8	6	5	7	2	9	4	3	1
7	2	1	3	8	4	6	5	9
3	9	4	6	1	5	2	7	8

Intermediate 9

4	8	5	1	7	2	9	6	3
7	9	6	8	4	3	1	5	2
1	2	3	6	5	9	7	8	4
3	4	9	7	8	5	2	1	6
6	5	2	3	9	1	8	4	7
8	1	7	4	2	6	3	9	5
9	6	1	5	3	7	4	2	8
5	3	4	2	1	8	6	7	9
2	7	8	9	6	4	5	3	1

Intermediate 10

1	4	3	2	9	6	7	5	8
2	9	7	3	8	5	4	1	6
5	8	6	7	4	1	3	2	9
6	3	8	9	2	7	1	4	5
7	1	9	8	5	4	6	3	2
4	2	5	6	1	3	9	8	7
3	7	2	4	6	8	5	9	1
8	5	4	1	7	9	2	6	3
9	6	1	5	3	2	8	7	4

Intermediate 11

8	2	1	7	9	4	6	5	3
3	4	9	6	5	2	8	1	7
7	5	6	3	1	8	2	9	4
6	8	4	9	3	5	7	2	1
5	9	3	1	2	7	4	8	6
2	1	7	4	8	6	5	3	9
4	3	5	2	6	1	9	7	8
9	6	8	5	7	3	1	4	2
1	7	2	8	4	9	3	6	5

Intermediate 12

9	5	2	6	7	8	3	1	4
4	8	3	5	2	1	7	6	9
6	1	7	3	4	9	2	5	8
1	2	4	9	3	6	5	8	7
5	3	9	7	8	4	6	2	1
8	7	6	2	1	5	9	4	3
2	9	1	4	5	7	8	3	6
3	6	8	1	9	2	4	7	5
7	4	5	8	6	3	1	9	2

Intermediate 13

3	2	8	7	9	6	4	1	5
9	5	6	3	4	1	7	2	8
1	7	4	5	8	2	9	6	3
4	1	9	6	2	8	3	5	7
5	8	3	9	1	7	2	4	6
2	6	7	4	3	5	8	9	1
7	9	1	8	5	4	6	3	2
8	4	2	1	6	3	5	7	9
6	3	5	2	7	9	1	8	4

Intermediate 14

3	6	9	4	8	1	7	5	2
8	4	2	7	5	6	1	9	3
7	5	1	2	9	3	8	4	6
2	7	8	1	3	9	5	6	4
4	3	5	8	6	7	2	1	9
9	1	6	5	4	2	3	8	7
1	8	3	9	2	4	6	7	5
5	2	4	6	7	8	9	3	1
6	9	7	3	1	5	4	2	8

Intermediate 15

8	3	7	6	2	1	4	5	9
6	9	5	4	7	3	1	8	2
1	2	4	9	8	5	6	3	7
4	7	6	8	3	2	5	9	1
9	8	1	5	6	7	3	2	4
2	5	3	1	9	4	8	7	6
5	6	8	2	1	9	7	4	3
7	4	9	3	5	6	2	1	8
3	1	2	7	4	8	9	6	5

Intermediate 16

6	7	2	9	1	3	5	4	8
8	1	4	5	2	7	9	3	6
5	9	3	4	8	6	2	1	7
4	5	8	6	3	2	7	9	1
1	2	9	7	5	4	6	8	3
3	6	7	1	9	8	4	5	2
9	3	6	8	7	5	1	2	4
7	8	1	2	4	9	3	6	5
2	4	5	3	6	1	8	7	9

Intermediate 17

7	6	3	5	1	2	9	4	8
4	2	8	9	6	7	3	5	1
9	1	5	3	8	4	6	2	7
1	8	4	2	9	5	7	3	6
3	7	6	8	4	1	5	9	2
2	5	9	6	7	3	8	1	4
8	9	2	1	5	6	4	7	3
5	4	1	7	3	8	2	6	9
6	3	7	4	2	9	1	8	5

Intermediate 18

3	2	7	6	8	5	1	4	9
1	8	5	9	4	3	7	6	2
6	9	4	2	1	7	8	3	5
2	6	3	8	9	4	5	1	7
4	7	8	1	5	2	3	9	6
5	1	9	7	3	6	2	8	4
8	4	1	5	2	9	6	7	3
9	5	6	3	7	8	4	2	1
7	3	2	4	6	1	9	5	8

Intermediate 19

7	5	4	1	8	9	6	2	3
1	3	8	2	4	6	7	9	5
9	6	2	3	7	5	8	4	1
4	1	6	8	2	7	5	3	9
5	2	7	9	6	3	1	8	4
8	9	3	4	5	1	2	7	6
2	8	5	6	3	4	9	1	7
6	4	9	7	1	8	3	5	2
3	7	1	5	9	2	4	6	8

Intermediate 20

8	5	9	3	4	6	1	7	2
1	6	2	7	8	9	5	3	4
4	3	7	2	5	1	6	9	8
9	4	8	5	6	7	3	2	1
6	2	3	8	1	4	7	5	9
7	1	5	9	2	3	4	8	6
2	7	1	4	3	8	9	6	5
3	8	4	6	9	5	2	1	7
5	9	6	1	7	2	8	4	3

Intermediate 21

1	4	6	9	2	5	7	8	3
8	5	2	7	6	3	9	4	1
3	9	7	8	4	1	5	6	2
6	8	3	5	7	4	1	2	9
4	7	1	2	8	9	6	3	5
5	2	9	1	3	6	4	7	8
2	3	5	6	1	7	8	9	4
9	6	8	4	5	2	3	1	7
7	1	4	3	9	8	2	5	6

Intermediate 22

1	6	5	4	9	2	7	3	8
3	2	7	8	6	5	4	1	9
4	8	9	1	3	7	2	6	5
6	5	3	9	7	1	8	2	4
8	1	2	6	5	4	3	9	7
9	7	4	2	8	3	1	5	6
7	4	1	5	2	6	9	8	3
5	3	8	7	1	9	6	4	2
2	9	6	3	4	8	5	7	1

Intermediate 23

3	7	5	9	8	6	2	1	4
1	2	8	4	3	5	7	6	9
6	9	4	2	7	1	5	3	8
8	4	7	3	5	2	1	9	6
2	6	9	7	1	8	4	5	3
5	1	3	6	4	9	8	2	7
9	5	1	8	6	4	3	7	2
7	8	6	1	2	3	9	4	5
4	3	2	5	9	7	6	8	1

Intermediate 24

7	2	8	1	5	6	9	3	4
4	5	3	8	9	2	7	1	6
1	6	9	3	7	4	2	8	5
5	9	6	2	8	7	3	4	1
3	7	4	6	1	9	8	5	2
2	8	1	5	4	3	6	9	7
9	4	5	7	6	8	1	2	3
6	1	2	9	3	5	4	7	8
8	3	7	4	2	1	5	6	9

Intermediate 25

7	5	8	9	2	6	4	3	1
3	9	4	5	1	7	6	8	2
2	6	1	3	8	4	9	5	7
4	7	2	1	3	5	8	9	6
6	1	9	2	4	8	5	7	3
5	8	3	6	7	9	2	1	4
9	2	5	7	6	3	1	4	8
8	3	6	4	9	1	7	2	5
1	4	7	8	5	2	3	6	9

Advanced 1

1	6	7	5	4	3	9	8	2
4	9	8	2	1	7	6	5	3
5	2	3	8	6	9	4	7	1
7	3	5	9	8	2	1	6	4
9	4	2	6	5	1	8	3	7
6	8	1	3	7	4	5	2	9
3	5	9	4	2	6	7	1	8
2	1	6	7	9	8	3	4	5
8	7	4	1	3	5	2	9	6

Advanced 2

7	2	6	3	8	9	1	5	4
8	1	5	7	4	6	9	3	2
3	9	4	5	2	1	7	6	8
9	3	7	6	5	4	8	2	1
5	6	8	1	9	2	3	4	7
1	4	2	8	7	3	6	9	5
6	5	3	2	1	7	4	8	9
4	8	1	9	3	5	2	7	6
2	7	9	4	6	8	5	1	3

Advanced 3

3	5	8	2	9	6	4	7	1
4	7	6	5	8	1	2	3	9
1	2	9	7	4	3	5	8	6
9	6	2	4	1	7	8	5	3
8	1	4	3	6	5	9	2	7
7	3	5	8	2	9	6	1	4
2	9	1	6	7	8	3	4	5
5	8	7	9	3	4	1	6	2
6	4	3	1	5	2	7	9	8

Advanced 4

7	2	3	5	8	9	6	4	1
9	5	6	2	4	1	7	3	8
8	4	1	7	3	6	9	2	5
2	1	9	4	7	8	5	6	3
3	8	4	6	5	2	1	9	7
5	6	7	1	9	3	2	8	4
4	3	2	9	1	7	8	5	6
1	9	5	8	6	4	3	7	2
6	7	8	3	2	5	4	1	9

Advanced 5

9	1	3	6	2	7	5	8	4
2	6	8	5	4	1	7	9	3
5	4	7	8	3	9	1	2	6
6	3	5	4	7	2	8	1	9
7	2	4	1	9	8	3	6	5
8	9	1	3	5	6	4	7	2
3	8	9	2	1	5	6	4	7
1	5	2	7	6	4	9	3	8
4	7	6	9	8	3	2	5	1

Advanced 6

5	9	1	7	8	4	6	3	2
7	3	4	5	2	6	1	8	9
6	2	8	9	1	3	5	4	7
3	8	6	1	4	9	7	2	5
9	4	2	6	5	7	3	1	8
1	5	7	2	3	8	9	6	4
8	1	9	3	7	2	4	5	6
2	6	3	4	9	5	8	7	1
4	7	5	8	6	1	2	9	3

Advanced 7

9	1	8	7	3	6	5	2	4
5	3	4	1	2	9	8	7	6
2	7	6	8	4	5	9	1	3
1	4	5	9	7	3	6	8	2
8	6	3	2	1	4	7	9	5
7	9	2	5	6	8	3	4	1
3	5	7	4	8	2	1	6	9
6	2	1	3	9	7	4	5	8
4	8	9	6	5	1	2	3	7

Advanced 8

5	1	3	8	9	6	2	4	7
7	6	8	2	5	4	9	1	3
9	4	2	7	3	1	8	6	5
4	3	6	9	7	5	1	8	2
1	2	5	4	8	3	6	7	9
8	7	9	1	6	2	5	3	4
6	8	4	3	2	9	7	5	1
3	9	7	5	1	8	4	2	6
2	5	1	6	4	7	3	9	8

Advanced 9

5	2	8	1	7	9	4	6	3
4	7	6	2	5	3	9	1	8
3	9	1	4	8	6	2	5	7
1	4	9	8	2	5	3	7	6
2	6	7	3	1	4	5	8	9
8	3	5	6	9	7	1	4	2
7	1	2	5	3	8	6	9	4
6	8	3	9	4	1	7	2	5
9	5	4	7	6	2	8	3	1

Advanced 10

6	5	3	1	7	4	8	9	2
4	7	2	9	6	8	1	5	3
1	9	8	3	5	2	6	4	7
3	8	7	2	9	5	4	6	1
9	1	6	4	3	7	5	2	8
5	2	4	8	1	6	3	7	9
7	3	1	6	4	9	2	8	5
8	4	5	7	2	3	9	1	6
2	6	9	5	8	1	7	3	4

Advanced 11

1	3	9	4	6	2	5	8	7
7	8	5	1	3	9	4	2	6
6	2	4	8	7	5	3	1	9
8	9	7	3	2	1	6	4	5
4	1	6	7	5	8	9	3	2
3	5	2	6	9	4	8	7	1
5	7	8	9	1	3	2	6	4
2	4	1	5	8	6	7	9	3
9	6	3	2	4	7	1	5	8

Advanced 12

4	5	9	3	8	7	1	6	2
7	1	3	6	5	2	4	8	9
8	6	2	9	1	4	7	3	5
6	2	4	8	3	1	5	9	7
5	3	7	2	9	6	8	4	1
1	9	8	4	7	5	6	2	3
9	8	1	7	6	3	2	5	4
2	7	6	5	4	9	3	1	8
3	4	5	1	2	8	9	7	6

Advanced 13

4	3	1	5	7	9	6	2	8
9	8	2	1	6	3	7	4	5
7	5	6	2	8	4	3	9	1
1	4	7	9	5	2	8	6	3
6	2	3	4	1	8	5	7	9
5	9	8	7	3	6	4	1	2
8	6	9	3	4	1	2	5	7
2	7	4	8	9	5	1	3	6
3	1	5	6	2	7	9	8	4

Advanced 14

2	8	6	4	9	7	3	5	1
7	3	4	5	8	1	9	2	6
5	1	9	3	2	6	7	4	8
3	5	2	1	7	8	6	9	4
8	9	1	2	6	4	5	3	7
4	6	7	9	5	3	1	8	2
6	7	5	8	3	2	4	1	9
9	4	8	6	1	5	2	7	3
1	2	3	7	4	9	8	6	5

Advanced 15

3	1	4	9	8	7	6	5	2
2	8	9	1	6	5	7	3	4
5	6	7	4	3	2	1	8	9
9	3	1	6	4	8	5	2	7
7	2	6	5	1	9	8	4	3
4	5	8	7	2	3	9	6	1
6	9	2	3	5	1	4	7	8
1	4	3	8	7	6	2	9	5
8	7	5	2	9	4	3	1	6

Advanced 16

7	8	5	4	9	6	3	1	2
6	2	4	3	1	8	7	9	5
3	9	1	5	2	7	6	8	4
9	5	6	7	8	3	2	4	1
8	7	3	2	4	1	9	5	6
1	4	2	6	5	9	8	7	3
2	6	9	1	7	5	4	3	8
4	1	8	9	3	2	5	6	7
5	3	7	8	6	4	1	2	9

Advanced 17

4	2	8	7	9	3	5	1	6
1	7	9	8	5	6	4	3	2
6	5	3	2	4	1	7	8	9
8	3	2	4	7	9	1	6	5
9	1	6	5	3	2	8	4	7
7	4	5	1	6	8	2	9	3
5	9	7	6	1	4	3	2	8
2	6	1	3	8	7	9	5	4
3	8	4	9	2	5	6	7	1

Advanced 18

3	6	4	2	5	9	7	8	1
5	2	1	8	6	7	3	4	9
9	7	8	4	3	1	5	6	2
1	4	5	6	9	8	2	3	7
7	8	3	5	1	2	6	9	4
6	9	2	3	7	4	1	5	8
4	3	9	7	2	5	8	1	6
2	1	6	9	8	3	4	7	5
8	5	7	1	4	6	9	2	3

Advanced 19

4	9	6	8	1	7	2	5	3
3	8	5	4	6	2	1	9	7
2	7	1	9	3	5	8	6	4
7	5	9	1	4	8	3	2	6
8	4	2	3	5	6	7	1	9
6	1	3	7	2	9	5	4	8
9	3	4	5	7	1	6	8	2
1	2	8	6	9	3	4	7	5
5	6	7	2	8	4	9	3	1

Advanced 20

3	8	1	4	7	9	5	6	2
9	6	4	5	8	2	3	7	1
7	5	2	6	1	3	4	9	8
4	2	9	1	3	6	8	5	7
5	3	6	7	4	8	2	1	9
8	1	7	9	2	5	6	3	4
6	9	8	2	5	7	1	4	3
2	4	5	3	9	1	7	8	6
1	7	3	8	6	4	9	2	5

Advanced 21

4	6	8	7	1	3	9	2	5
2	1	9	5	4	8	3	6	7
5	3	7	9	6	2	8	4	1
1	7	6	2	5	9	4	8	3
8	4	5	3	7	6	1	9	2
3	9	2	1	8	4	5	7	6
9	8	1	6	3	7	2	5	4
6	5	4	8	2	1	7	3	9
7	2	3	4	9	5	6	1	8

Advanced 22

3	6	1	4	8	5	9	2	7
9	5	8	7	2	3	6	1	4
2	4	7	1	6	9	3	8	5
1	2	6	9	7	4	8	5	3
4	7	9	3	5	8	2	6	1
5	8	3	6	1	2	4	7	9
6	1	4	8	3	7	5	9	2
8	3	5	2	9	1	7	4	6
7	9	2	5	4	6	1	3	8

Advanced 23

2	9	3	8	5	6	1	4	7
5	1	8	7	4	9	2	3	6
4	7	6	2	1	3	9	5	8
3	5	1	6	9	8	7	2	4
9	4	7	5	3	2	8	6	1
8	6	2	1	7	4	5	9	3
6	2	4	9	8	7	3	1	5
7	3	5	4	2	1	6	8	9
1	8	9	3	6	5	4	7	2

Advanced 24

3	2	8	4	7	1	5	6	9
7	1	6	9	5	8	3	2	4
9	5	4	6	2	3	1	8	7
8	6	7	2	1	9	4	3	5
5	9	1	8	3	4	6	7	2
4	3	2	5	6	7	8	9	1
6	4	3	7	9	5	2	1	8
2	8	9	1	4	6	7	5	3
1	7	5	3	8	2	9	4	6

Advanced 25

5	6	2	7	3	9	4	1	8
9	4	3	1	8	6	7	2	5
7	1	8	2	4	5	3	6	9
2	7	4	9	5	1	6	8	3
8	5	6	3	2	7	1	9	4
1	3	9	4	6	8	5	7	2
3	8	5	6	1	2	9	4	7
6	2	7	5	9	4	8	3	1
4	9	1	8	7	3	2	5	6

Expert 1

7	8	5	3	6	9	1	2	4
1	9	4	8	5	2	6	7	3
3	6	2	1	4	7	5	8	9
8	1	3	9	2	4	7	5	6
2	7	6	5	8	3	4	9	1
5	4	9	6	7	1	8	3	2
9	5	8	2	1	6	3	4	7
6	3	7	4	9	8	2	1	5
4	2	1	7	3	5	9	6	8

Expert 2

1	2	7	8	4	6	9	5	3
9	8	3	5	1	2	4	7	6
4	5	6	7	3	9	1	8	2
3	9	5	1	7	8	6	2	4
6	7	4	2	9	5	8	3	1
8	1	2	3	6	4	5	9	7
5	6	1	9	2	3	7	4	8
7	3	9	4	8	1	2	6	5
2	4	8	6	5	7	3	1	9

Expert 3

4	6	8	3	9	5	2	1	7
5	7	3	8	1	2	6	4	9
2	9	1	7	4	6	8	5	3
6	2	9	4	5	1	7	3	8
1	8	7	6	3	9	5	2	4
3	5	4	2	8	7	1	9	6
8	1	5	9	7	3	4	6	2
7	3	6	1	2	4	9	8	5
9	4	2	5	6	8	3	7	1

Expert 4

6	9	3	7	2	8	4	5	1
4	5	1	6	3	9	8	2	7
2	7	8	1	5	4	6	9	3
5	4	9	3	8	6	1	7	2
8	2	6	9	7	1	5	3	4
1	3	7	2	4	5	9	6	8
3	8	5	4	9	2	7	1	6
9	6	2	8	1	7	3	4	5
7	1	4	5	6	3	2	8	9

Expert 5

6	5	7	8	9	4	3	1	2
9	2	8	3	7	1	4	5	6
1	3	4	5	6	2	8	7	9
8	1	9	6	3	7	5	2	4
3	4	2	9	1	5	7	6	8
7	6	5	2	4	8	9	3	1
2	7	6	4	5	9	1	8	3
5	9	3	1	8	6	2	4	7
4	8	1	7	2	3	6	9	5

Expert 6

6	7	3	8	4	9	1	5	2
2	5	8	1	3	6	9	7	4
9	4	1	2	7	5	6	8	3
1	2	7	3	5	8	4	6	9
3	8	9	4	6	1	7	2	5
4	6	5	9	2	7	3	1	8
5	9	6	7	8	4	2	3	1
7	1	2	5	9	3	8	4	6
8	3	4	6	1	2	5	9	7

Expert 7

7	9	8	6	2	4	5	3	1
1	6	2	3	5	8	7	9	4
3	4	5	9	1	7	2	6	8
9	5	3	8	4	6	1	7	2
6	7	4	1	3	2	8	5	9
2	8	1	5	7	9	3	4	6
5	2	7	4	6	1	9	8	3
8	1	6	7	9	3	4	2	5
4	3	9	2	8	5	6	1	7

Expert 8

4	7	9	3	5	6	2	8	1
3	5	2	8	1	9	6	7	4
1	6	8	2	4	7	3	5	9
8	3	1	7	2	4	5	9	6
9	2	7	5	6	3	4	1	8
6	4	5	9	8	1	7	2	3
5	8	4	6	9	2	1	3	7
2	1	3	4	7	8	9	6	5
7	9	6	1	3	5	8	4	2

Expert 9

3	8	2	9	4	7	1	5	6
4	5	7	1	6	3	8	9	2
6	1	9	8	5	2	4	7	3
1	3	5	6	2	9	7	4	8
9	2	8	7	1	4	6	3	5
7	6	4	5	3	8	2	1	9
5	7	3	2	8	1	9	6	4
8	4	1	3	9	6	5	2	7
2	9	6	4	7	5	3	8	1

Expert 10

6	2	4	9	8	7	1	3	5
8	5	9	3	2	1	4	7	6
1	7	3	4	6	5	8	9	2
4	3	5	7	9	6	2	1	8
2	9	1	8	5	3	7	6	4
7	6	8	1	4	2	9	5	3
5	1	6	2	7	8	3	4	9
9	8	7	6	3	4	5	2	1
3	4	2	5	1	9	6	8	7

Expert 11

1	4	8	7	5	6	2	3	9
3	6	2	1	9	4	5	7	8
7	9	5	8	3	2	1	6	4
9	2	7	3	6	8	4	1	5
6	5	3	9	4	1	8	2	7
8	1	4	2	7	5	6	9	3
5	7	1	4	2	3	9	8	6
4	8	9	6	1	7	3	5	2
2	3	6	5	8	9	7	4	1

Expert 12

1	9	8	5	4	6	3	2	7
4	5	3	2	7	1	6	9	8
6	2	7	9	3	8	5	1	4
3	7	1	8	5	4	2	6	9
5	8	2	6	1	9	4	7	3
9	6	4	3	2	7	1	8	5
2	3	6	7	9	5	8	4	1
7	1	5	4	8	2	9	3	6
8	4	9	1	6	3	7	5	2

Expert 13

3	2	7	6	1	8	4	5	9
4	9	6	3	7	5	1	2	8
1	5	8	4	2	9	3	7	6
9	4	2	1	3	7	6	8	5
8	6	1	5	9	4	7	3	2
5	7	3	8	6	2	9	4	1
7	8	5	9	4	1	2	6	3
6	1	4	2	5	3	8	9	7
2	3	9	7	8	6	5	1	4

Expert 14

3	7	5	8	6	2	9	4	1
4	6	8	1	9	3	2	5	7
9	1	2	5	7	4	8	3	6
5	9	4	7	8	1	6	2	3
8	3	6	2	4	9	7	1	5
7	2	1	3	5	6	4	9	8
2	5	9	6	3	8	1	7	4
6	4	7	9	1	5	3	8	2
1	8	3	4	2	7	5	6	9

Expert 15

5	1	6	3	2	7	4	8	9
7	4	2	9	1	8	3	6	5
8	3	9	4	6	5	7	2	1
9	2	4	6	3	1	8	5	7
1	5	8	7	9	4	6	3	2
3	6	7	5	8	2	9	1	4
6	8	5	2	7	9	1	4	3
2	9	3	1	4	6	5	7	8
4	7	1	8	5	3	2	9	6

Expert 16

1	2	5	4	7	3	9	6	8
7	8	4	5	9	6	1	3	2
6	9	3	8	1	2	5	4	7
4	6	2	1	5	7	8	9	3
5	3	7	9	2	8	6	1	4
9	1	8	3	6	4	2	7	5
2	5	9	7	4	1	3	8	6
8	4	6	2	3	9	7	5	1
3	7	1	6	8	5	4	2	9

Expert 17

3	9	7	1	4	2	5	6	8
6	1	2	8	7	5	9	4	3
8	5	4	9	3	6	1	7	2
2	8	6	4	9	1	7	3	5
5	3	1	2	8	7	6	9	4
7	4	9	6	5	3	2	8	1
1	6	8	7	2	4	3	5	9
4	2	3	5	6	9	8	1	7
9	7	5	3	1	8	4	2	6

Expert 18

5	4	3	9	1	6	7	2	8
1	8	7	3	2	5	4	6	9
2	9	6	7	4	8	5	1	3
9	3	8	6	5	4	2	7	1
6	1	5	2	9	7	3	8	4
4	7	2	8	3	1	6	9	5
7	5	9	4	8	2	1	3	6
3	6	4	1	7	9	8	5	2
8	2	1	5	6	3	9	4	7

Expert 19

5	8	7	3	1	2	9	6	4
3	4	1	9	6	5	7	2	8
2	6	9	8	4	7	3	5	1
8	7	2	1	3	6	4	9	5
9	3	5	4	7	8	6	1	2
4	1	6	5	2	9	8	7	3
1	5	4	6	9	3	2	8	7
7	9	3	2	8	1	5	4	6
6	2	8	7	5	4	1	3	9

Expert 20

9	4	5	3	6	2	8	7	1
6	2	1	7	8	4	9	3	5
3	7	8	5	1	9	2	4	6
7	8	9	2	5	6	4	1	3
2	3	4	9	7	1	5	6	8
1	5	6	8	4	3	7	2	9
4	6	7	1	9	8	3	5	2
5	9	2	6	3	7	1	8	4
8	1	3	4	2	5	6	9	7

Expert 21

6	1	5	8	7	4	9	2	3
4	2	9	5	1	3	6	7	8
8	3	7	9	6	2	4	5	1
2	8	4	3	9	5	7	1	6
9	5	6	7	4	1	8	3	2
3	7	1	2	8	6	5	4	9
7	4	3	6	2	8	1	9	5
5	9	8	1	3	7	2	6	4
1	6	2	4	5	9	3	8	7

Expert 22

3	2	5	1	6	4	9	7	8
6	4	1	8	9	7	2	3	5
7	9	8	5	2	3	6	1	4
4	5	2	9	7	8	3	6	1
1	3	9	6	5	2	4	8	7
8	7	6	3	4	1	5	9	2
2	1	4	7	3	6	8	5	9
5	8	3	2	1	9	7	4	6
9	6	7	4	8	5	1	2	3

Expert 23

2	7	1	3	8	6	9	5	4
4	3	9	1	5	2	7	6	8
6	5	8	4	9	7	2	3	1
7	1	2	6	4	8	5	9	3
5	9	6	7	1	3	8	4	2
3	8	4	9	2	5	6	1	7
9	6	3	2	7	4	1	8	5
8	4	7	5	6	1	3	2	9
1	2	5	8	3	9	4	7	6

Expert 24

7	8	1	3	4	2	9	6	5
2	4	5	7	9	6	8	1	3
9	6	3	5	8	1	7	2	4
6	5	4	9	1	3	2	7	8
1	2	8	6	5	7	3	4	9
3	7	9	8	2	4	1	5	6
4	1	6	2	3	9	5	8	7
8	3	7	1	6	5	4	9	2
5	9	2	4	7	8	6	3	1

5	7	1	2	6	8	3	4	9
8	4	2	9	5	3	7	6	1
6	3	9	1	4	7	5	2	8
7	8	4	6	1	2	9	5	3
9	1	5	3	7	4	6	8	2
3	2	6	5	8	9	4	1	7
4	9	3	8	2	6	1	7	5
2	5	7	4	3	1	8	9	6
1	6	8	7	9	5	2	3	4